国家"双高计划"电子信息工程技术专业群建设成果
"十四五"高等职业教育电子与信息类系列新形态教材

工业机器人编程与仿真

徐淑琼◎主　编

甘　伟　袁从贵　杨伟钧◎副主编

中国铁道出版社有限公司
CHINA RAILWAY PUBLISHING HOUSE CO., LTD.

内 容 简 介

本书主要包括工业机器人 RobotStudio 仿真软件的基本操作及应用、工业机器人典型工作站的虚拟示教编程与仿真、工业机器人复杂工作站动态效果的构建与仿真、工业机器人典型工作站的现场编程与调试等内容。

本书全面落实立德树人根本任务，紧密对接 3C 产业岗位需求，融入新技术、新工艺、新流程、新规范，兼顾理论与实践的课程教学内容，突出职业特色，强调个性化、差异化，强化理论与实践的结合，适应高素质复合型技术技能人才培养需求，实现教材内容与岗位标准对接。

本书适合作为高等职业院校工业机器人技术等相关专业的教材，也可作为企业相关工程人员的培训教材。

图书在版编目（CIP）数据

工业机器人编程与仿真 / 徐淑琼主编 .—北京：中国铁道出版社有限公司，2023.7
国家"双高计划"电子信息工程技术专业群建设成果
"十四五"高等职业教育电子与信息类系列新形态教材
ISBN 978-7-113-30227-6

Ⅰ.①工⋯ Ⅱ.①徐⋯ Ⅲ.①工业机器人 - 程序设计 - 高等职业教育 - 教材②工业机器人 - 计算机仿真 - 高等职业教育 - 教材 Ⅳ.① TP242.2

中国国家版本馆 CIP 数据核字（2023）第 080359 号

书　　名	工业机器人编程与仿真
作　　者	徐淑琼

策　　划	唐　旭　何红艳	编辑部电话：（010）63560043	
责任编辑	何红艳		
编辑助理	杨万里		
封面设计	郑春鹏		
责任校对	苗　丹		
责任印制	樊启鹏		

出版发行：中国铁道出版社有限公司（100054，北京市西城区右安门西街 8 号）
网　　址：http://www.tdpress.com/51eds/
印　　刷：北京市泰锐印刷有限责任公司
版　　次：2023 年 7 月第 1 版　2023 年 7 月第 1 次印刷
开　　本：787 mm×1 092 mm　1/16　印张：17　字数：431 千
书　　号：ISBN 978-7-113-30227-6
定　　价：49.80 元

版权所有　侵权必究

凡购买铁道版图书，如有印制质量问题，请与本社教材图书营销部联系调换。电话：（010）63550836
打击盗版举报电话：（010）63549461

前　言

党的二十大报告在加快构建新发展格局，着力推动高质量发展方面要求："坚持把发展经济的着力点放在实体经济上，推进新型工业化，加快建设制造强国、质量强国、航天强国、交通强国、网络强国、数字中国。实施产业基础再造工程和重大技术装备攻关工程，支持专精特新企业发展，推动制造业高端化、智能化、绿色化发展。"国家《"十四五"智能制造发展规划》也指出，智能制造是制造强国建设的主攻方向，其发展程序直接关乎我国制造业质量水平。工业机器人是"制造业皇冠顶端的明珠"，其研发、制造、应用是衡量一个国家科技创新和高端制造业水平的重要标志。随着中国制造业的发展，高端制造、产业转型升级都离不开高素质复合型技术技能人才的重要支撑。这就要求高等职业院校培养熟悉工业机器人编程并能应用的高素质复合型技术技能人才，从而满足市场的实际需求。

本书针对高等职业院校学生动手操作方面的意愿较强等特点，设计项目时以学生的职业发展为根本，以成果为导向，突出职业特色，强调个性化、差异化，强化理论与实践的结合，适应高素质复合型技术技能人才培养需求，实现教材内容与岗位标准对接。本书主要特点有：

1．对接工业机器人相关岗位标准，采用项目化的任务模式，以满足一体化教学的需求，并以实际工作任务为载体，由浅至深设计学习情景；全书共八项目，取材合理，分量合适，深浅适度，符合高等职业院校学生的实际水平。

2．对接工业机器人"1+X"职业技能考证，将"1+X"工业机器人应用编程、工业机器人集成应用等职业技能等级标准相关内容有机融入教材，实现"岗课赛证"融通。

3．对接课程评价过程考核改革机制，以典型工作任务为载体，在学中做，在做中学，采用融"教、学、做"一体化的教学模式，项目体例结构设计了项目评价环节，从知识、技能和素养三个方面对学习过程进行综合评价。

4．对接工业机器人工作过程和开发流程，教学内容涵盖工业机器人离线编程与仿真、工业机器人现场示教编程与调试两大模块；本书选用在高等职业院校中使用较多的 ABB 工业机器人离线编程的 RobotStudio 仿真软件，以帮助学生尽快适应课程学习。

5．对接科技发展与教育数字化技术推广，配套开发了数字化资源，包括教学课件、教学微课、工作手册及虚拟仿真工作站等，从而有利于建立"互联网+"翻转课堂混合式教学课堂，以方便学生主动、灵活地学习。

6．对接立德树人任务，每个项目最后都有"课后阅读"，体现思政元素，以利于学生树立正确的世界观、人生观、价值观，提高学生的职业素养和综合素质。

本书由东莞职业技术学院徐淑琼任主编，东莞职业技术学院甘伟和袁从贵、广州城市职业学院杨伟钧任副主编，东莞职业技术学院丁度坤和熊丽萍参与了本书的编写。具体编写分工如下：项目一、项目三、项目五和项目六由徐淑琼编写；项目二由丁度坤和熊丽萍编写；项目四由袁从贵和杨伟钧编写；项目七和项目八由甘伟编写；前后由徐淑琼完成全书统稿。本书在编写过程参考了大量的书籍、文献和手册资料，在此向各相关作者表示诚挚谢意。

由于编者水平有限，书中难免存在不恰当之处，敬请广大读者批评指正。

编　者

2023年2月

目 录

项目一　工业机器人工作站的构建及仿真

任务一　ABB 机器人仿真软件介绍 ·· 2
子任务一　RobotStudio 仿真软件的界面简介 ······················· 2
子任务二　RobotStudio 仿真软件的安装 ···························· 3

任务二　工业机器人工作站的构建及仿真 ······························ 6
子任务一　工业机器人工作站的构建 ···································· 6
子任务二　工业机器人工作站工件坐标的创建 ······················ 17
子任务三　工业机器人工作站运动轨迹的创建 ······················ 18
子任务四　工业机器人工作站运动轨迹的仿真 ······················ 24

项目二　激光切割机器人的离线编程与仿真

任务一　激光切割运动曲线及路径的创建 ····························· 31
子任务一　激光切割运动曲线的创建 ·································· 31
子任务二　激光切割运动路径的创建 ·································· 33

任务二　目标点调整及轴参数配置 ······································· 37
子任务一　激光切割机器人目标点调整 ······························ 37
子任务二　激光切割机器人轴参数配置 ······························ 40

任务三　程序完善及仿真运行 ·· 42
子任务一　激光切割机器人程序的完善 ······························ 42
子任务二　激光切割机器人程序的仿真 ······························ 47

项目三　工业机器人运动轨迹的离线编程与仿真

任务一　工业机器人系统的创建 ·· 52
子任务一　RobotStudio 仿真软件建模功能介绍 ·················· 52
子任务二　工业机器人系统的建模及布局 ···························· 54

任务二　运动轨迹的虚拟示教编程与仿真 ····························· 59
子任务一　ABB 机器人编程基础 ······································· 59
子任务二　运动轨迹程序数据的创建 ·································· 63
子任务三　运动轨迹的虚拟示教编程 ·································· 69

子任务四　目标点的示教及仿真运行 ·· 72

项目四　写字绘画机器人的离线编程与仿真

任务一　写字绘画机器人通信单元的创建 ··· 78
　　子任务一　ABB 机器人 I/O 通信基础 ·· 78
　　子任务二　写字绘画机器人通信 I/O 板的创建 ·· 87
　　子任务三　写字绘画机器人输入输出信号的创建 ·· 91

任务二　写字绘画机器人的虚拟示教编程与仿真 ·· 97
　　子任务一　ABB 机器人的 I/O 控制指令简介 ··· 97
　　子任务二　写字绘画机器人开关信号的编制 ·· 98
　　子任务三　写字绘画机器人开关信号的仿真 ·· 101

项目五　搬运机器人工作站动态效果的构建与仿真

任务一　搬运机器人夹具动态效果的设定与仿真 ······································ 106
　　子任务一　Smart 组件简介 ·· 106
　　子任务二　搬运吸盘 Smart 组件的设定 ··· 118
　　子任务三　搬运机器人吸盘动态效果的仿真 ·· 128

任务二　搬运机器人的虚拟示教编程与仿真 ·· 129
　　子任务一　搬运机器人的编程准备 ·· 129
　　子任务二　搬运机器人程序数据的创建 ·· 131
　　子任务三　搬运机器人工作站动态效果的仿真 ·· 132

项目六　码垛机器人工作站动态效果的构建与仿真

任务一　码垛机器人工作站系统的创建 ··· 137
　　子任务一　码垛机器人本体及周围设备的创建与布局 ·· 137
　　子任务二　码垛机器人系统的创建 ·· 144

任务二　码垛机器人工作站动态效果的构建及仿真 ·································· 145
　　子任务一　输送链动态效果的构建及仿真 ·· 146
　　子任务二　夹具动态效果的构建及仿真 ·· 153

任务三　码垛机器人工作站逻辑设定 ·· 157
　　子任务一　码垛机器人系统信号的创建 ·· 157
　　子任务二　工作站逻辑设定 ·· 157

任务四　码垛机器人的虚拟示教编程与仿真 ·· 159
　　子任务一　码垛机器人关键数据的设定 ·· 159

子任务二　码垛机器人的程序编制 ··· 162

项目七　搬运机器人工作站现场编程与调试

任务一　搬运机器人工作站系统集成 ··· 171
　　子任务一　搬运机器人工作站控制系统构成 ······································ 171
　　子任务二　搬运机器人工作站任务 ··· 174

任务二　搬运工作站设备组态 ·· 174
　　子任务一　PLC 变量设置 ··· 174
　　子任务二　PLC 及 HMI 设备组态 ·· 175
　　子任务三　PLC 程序编写 ··· 181

任务三　工业机器人程序编写与调试 ··· 183
　　子任务一　机器人软件配置 ·· 183
　　子任务二　机器人程序设计 ·· 195
　　子任务三　机器人程序导入与调试 ··· 230

项目八　码垛机器人工作站现场编程与调试

任务一　码垛机器人工作站系统集成 ··· 238
　　子任务一　码垛机器人工作站构成 ··· 238
　　子任务二　码垛机器人工作站任务 ··· 240

任务二　码垛工作站设备组态 ·· 240
　　子任务一　PLC 变量设置 ··· 241
　　子任务二　PLC 及 HMI 设备组态 ·· 241
　　子任务三　PLC 程序编写 ··· 242

任务三　工业机器人程序编写与调试 ··· 243
　　子任务一　机器人软件配置 ·· 243
　　子任务二　机器人程序设计 ·· 256
　　子任务三　机器人程序导入与调试 ··· 258

项目一
工业机器人工作站的构建及仿真

学习目标

1. 知识目标

（1）了解工业机器人仿真应用技术；
（2）熟悉 RobotStudio 仿真软件的界面功能；
（3）掌握工业机器人工作站的构建和仿真步骤。

2. 技能目标

（1）独立完成 RobotStudio 仿真软件的安装与基本操作；
（2）完成工业机器人工作站的构建；
（3）完成工业机器人工作站的仿真与优化。

3. 素养目标

（1）增强学生对工业机器人文化的认知，培养爱国情怀；
（2）培养团队协作的意识和协作能力；
（3）培养良好的沟通能力和客观自我评价的习惯。

项目导入

在先进的制造工业中，工业机器人作为发展的重要手段，具有不可替代性，同时衡量了这个国家的制造水平与科技水平。计算机技术的发展助力工业系统科学研究不断深入，信息处理技术及仿真技术也得到迅速发展。现实中，工业自动化生产设计过程中对于产品质量、可靠性的要求不断提高，通过计算机仿真软件进行仿真已经成为不可或缺的关键环节。在工业机器人系统中，采用仿真软件对于缩短产品的设计周期、降低成本、提高质量具有重要的现实意义。

本项目以基本的工业机器人工作站为例，通过工业机器人工作站的布局、工件坐标的创建、机器人运动轨迹的创建、运动轨迹的仿真等步骤，实现典型工业机器人工作站的构建及仿真。通过项目任务的实施，学生能够了解工业机器人仿真应用技术，掌握 ABB 机器人仿真软件的安装及操作，完成工业机器人基本工作站的构建及仿真，如图 1-1 所示。

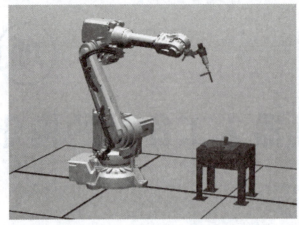

图 1-1 工业机器人工作站

项目实现

任务一 ABB机器人仿真软件介绍

ABB 机器人公司开发的 RobotStudio 仿真软件由于其具有独特的图形化编程系统，快速编辑、调试和优化系统，以及创建和模拟机器人运动等方面优势，已成为市场的主流仿真软件之一。下面主要对其界面功能、软件安装和授权方法进行介绍。

子任务一 RobotStudio 仿真软件的界面简介

在课程教学中，采用 RobotStudio 仿真软件具体的优势体现在：

（1）工业机器人 RobotStudio 仿真软件能够有效构建虚拟三维实训车间场景，以助于更好地理解工业机器人系统实际运行环境和内容。学习过程中出现的问题，也能够得到直观的解答，可以最大程度地激发学生的学习兴趣，培养学生学习的主动性。

（2）工业机器人 RobotStudio 仿真软件能够模拟仿真搬运、码垛、焊接、装配等多种现场工业机器人工作站的工作，学生可脱离现场条件的束缚模拟搭建实际生产岗位情境，掌握相关生产工艺流程，进一步了解企业实际岗位工作要求，培养学生尽快上岗的能力，实现课程教学内容与企业工作岗位能力的无缝对接。

RobotStudio 仿真软件的用户界面如图 1-2 所示，其功能说明见表 1-1。

视 频

仿真软件的界面

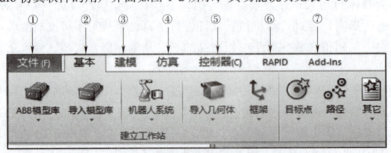

图 1-2 RobotStudio 仿真软件的用户界面

项目一　工业机器人工作站的构建及仿真

表 1-1　RobotStudio 仿真软件的用户界面功能说明

序号	选项卡	描述
①	文件	包含创建新工作站、创建新机器人系统、连接到控制器、将工作站另存为查看器和 RobotStudio 选项
②	基本	包含搭建工作站、创建系统、编程路径和摆放物体所需的控件
③	建模	包含创建和分组工作站组件、创建实体、测量以及其他 CAD 操作所需的控件
④	仿真	包含创建、控制、监控和记录仿真所需的控件
⑤	控制器	包含用于虚拟控制器 (VC) 的同步、配置和分配给它的任务的控制措施。还包含用于管理真实控制器的控制措施
⑥	RAPID	包含集成的 RAPID 编辑器，用于编辑除机器人运动之外的其他所有机器人任务
⑦	ADD-Ins	包含 PowerPacs 的控件

更多的 RobotStudio 仿真软件的介绍可以参考其中文手册。

视　频

仿真软件的安装

子任务二　RobotStudio 仿真软件的安装

在使用 RobotStudio 仿真软件之前，需要对其进行安装，具体安装步骤见表 1-2。

表 1-2　RobotStudio 仿真软件的安装步骤

图示	步骤
	1. 在 RobotStudio 仿真软件安装包中双击"Setup"文件，出现安装语言选择，从列表中选择"中文（简体）"，单击"确定"按钮
	2. 进入向导安装界面，单击"下一步"按钮

3

续表

图　　示	步　　骤
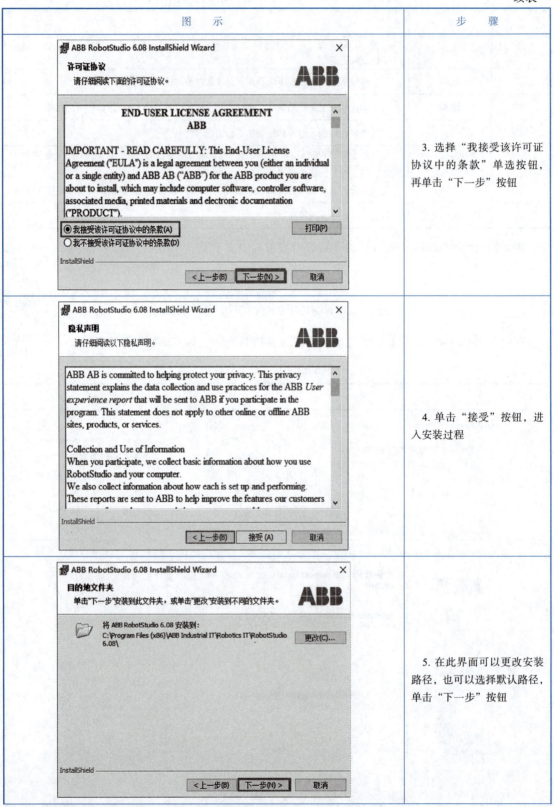	3. 选择"我接受该许可证协议中的条款"单选按钮，再单击"下一步"按钮
	4. 单击"接受"按钮，进入安装过程
	5. 在此界面可以更改安装路径，也可以选择默认路径，单击"下一步"按钮

续表

图　示	步　骤
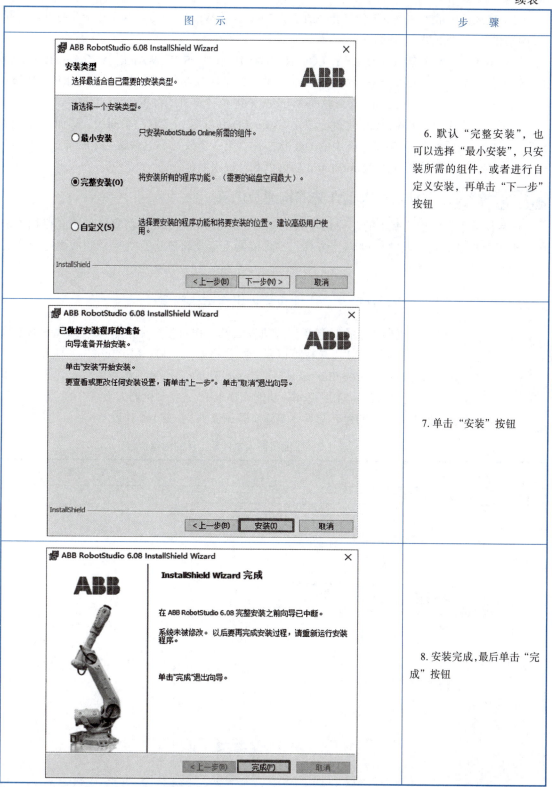	6. 默认"完整安装"，也可以选择"最小安装"，只安装所需的组件，或者进行自定义安装，再单击"下一步"按钮
	7. 单击"安装"按钮
	8. 安装完成，最后单击"完成"按钮

在完成 RobotStudio 仿真软件安装后，还需要对其进行授权获取更加完整的程序功能。具

体方法如下：

（1）在运行中输入"regedit"打开注册表，你可以用【Windows+R】这个快捷键打开或者在"开始菜单"→"附件"中找到它。

（2）找到如下文件位置 HKEY_LOCAL_MACHINE → SOFTWARE → Microsoft → SLP Services 这是 Windows 32 位计算机的位置；HKEY_LOCAL_MACHINE → SOFTWARE → Wow6432Node → Microsoft → SLP Services 这是 Windows 64 位计算机的位置。

（3）在右侧找到 NoLockData 文件。双击 NoLockData 文件，打开一个面板，里面的数据都是十六进制的，选择表中倒数第 6 行中的 Dx(从左往右第六个数)，将其修改为 FE，单击"确定"按钮后刷新注册表，重新打开 RobotStudio 后可以看到试用期延长了。

任务二　工业机器人工作站的构建及仿真

在本任务中，将构建基本的工业机器人工作站，利用 RobotStudio 仿真软件工具栏相关操作实现工业机器人运动轨迹的创建及仿真，并将机器人运动轨迹运行结果录制成视频或生成 EXE 文件。

子任务一　工业机器人工作站的构建

基本的工业机器人工作站包含工业机器人及工作对象，在这里导入 IRB2600 型号工业机器人，通过 Frehand 工具栏可以手动操作机器人。将"My Tool"工具安装到工业机器人末端，选择"propeller table"、"Curve Thing"作为工作对象，至此完成基本的工业机器人工作站布局。在"基本"功能选项卡下，选择"机器人系统"的"从布局"，完成工业机器人系统的创建。其具体实施步骤见表 1-3、表 1-4 和表 1-5。

● 视　频

工作站的构建

表 1-3　工业机器人本体及工具的创建步骤

图　示	步　骤
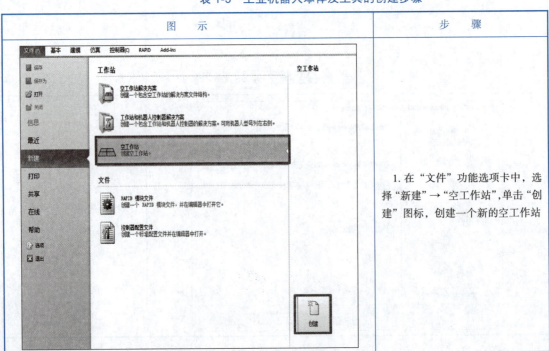	1. 在"文件"功能选项卡中，选择"新建"→"空工作站"，单击"创建"图标，创建一个新的空工作站

项目一　工业机器人工作站的构建及仿真

续表

图　　示	步　　骤
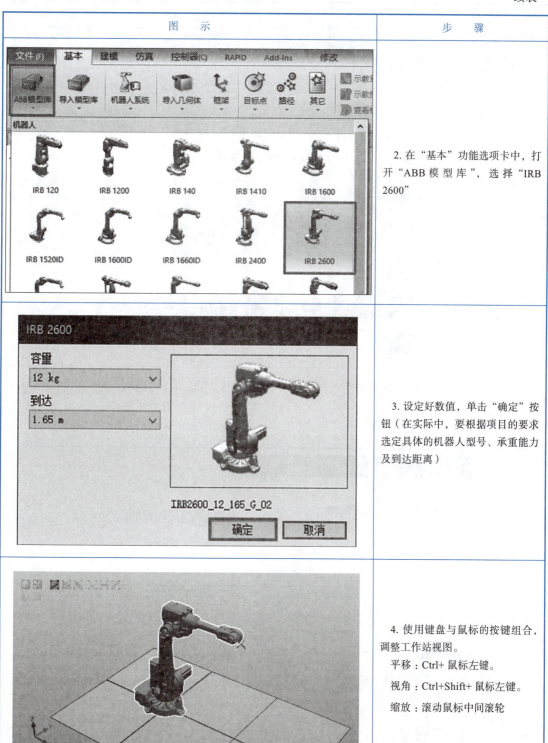	2. 在"基本"功能选项卡中，打开"ABB模型库"，选择"IRB 2600"
	3. 设定好数值，单击"确定"按钮（在实际中，要根据项目的要求选定具体的机器人型号、承重能力及到达距离）
	4. 使用键盘与鼠标的按键组合，调整工作站视图。 平移：Ctrl+鼠标左键。 视角：Ctrl+Shift+鼠标左键。 缩放：滚动鼠标中间滚轮

7

续表

图 示	步 骤
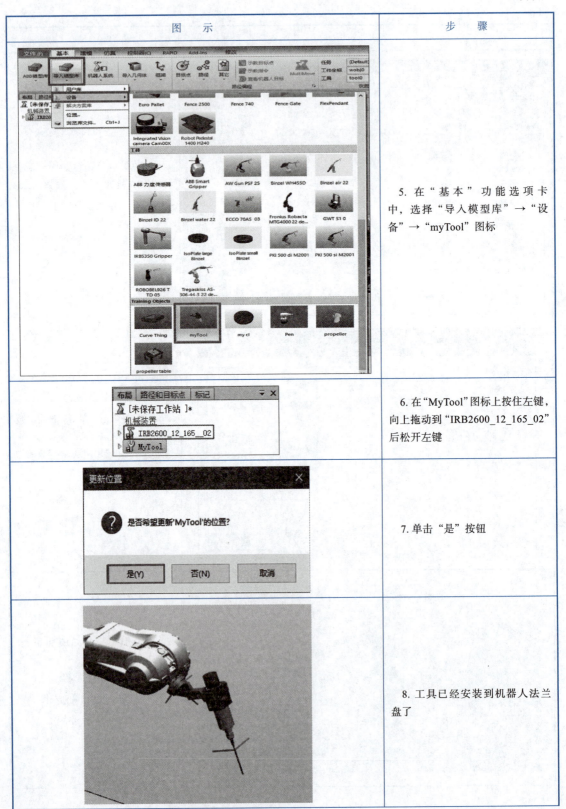	5. 在"基本"功能选项卡中,选择"导入模型库"→"设备"→"myTool"图标
	6. 在"MyTool"图标上按住左键,向上拖动到"IRB2600_12_165__02"后松开左键
	7. 单击"是"按钮
	8. 工具已经安装到机器人法兰盘了

项目一　工业机器人工作站的构建及仿真

续表

图　示	步　骤
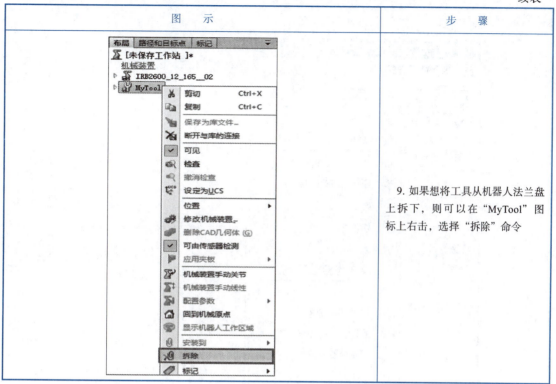	9. 如果想将工具从机器人法兰盘上拆下，则可以在"MyTool"图标上右击，选择"拆除"命令

表 1-4　周围设备的布局步骤

图　示	步　骤
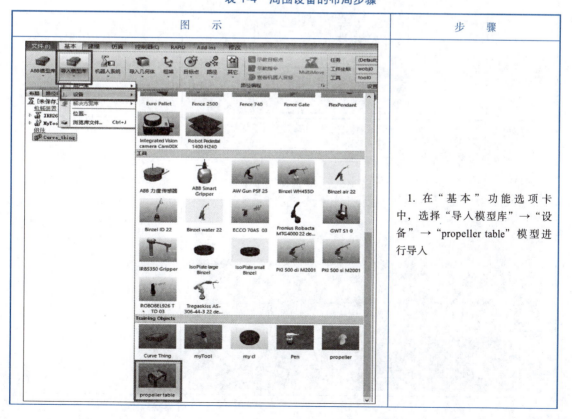	1. 在"基本"功能选项卡中，选择"导入模型库"→"设备"→"propeller table"模型进行导入

续表

图 示	步 骤
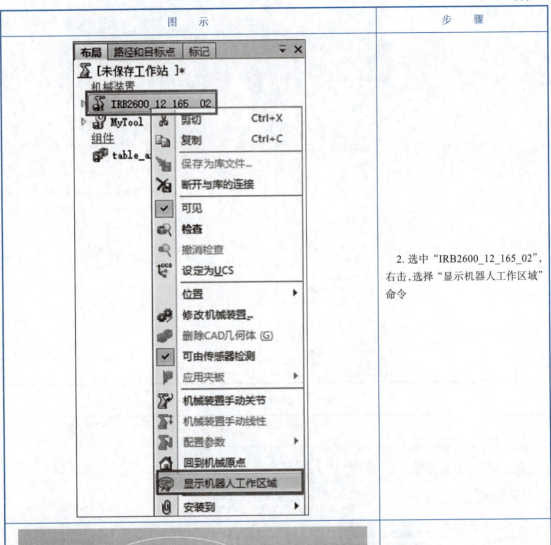	2. 选中"IRB2600_12_165_02",右击,选择"显示机器人工作区域"命令
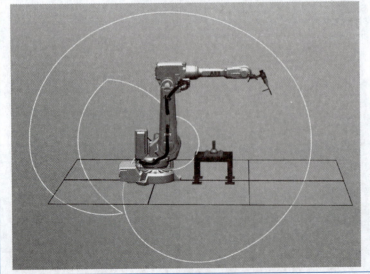	3. 图中白色区域为机器人可到达范围。工作对象应调整到机器人的最佳工作范围,这样才可以提高节拍和方便轨迹规划。下面将小桌子移到机器人的工作区域

续表

图　　示	步　　骤
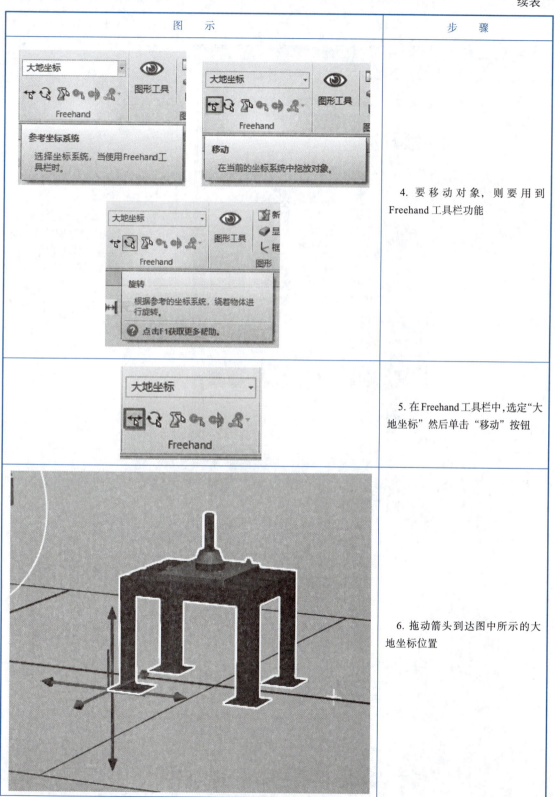	4. 要移动对象，则要用到 Freehand 工具栏功能
	5. 在 Freehand 工具栏中，选定"大地坐标"然后单击"移动"按钮
	6. 拖动箭头到达图中所示的大地坐标位置

续表

图 示	步 骤
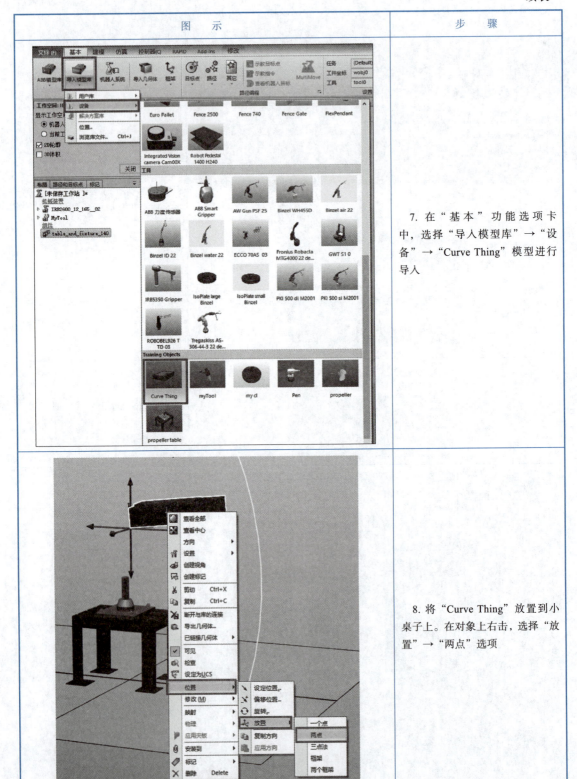	7. 在"基本"功能选项卡中,选择"导入模型库"→"设备"→"Curve Thing"模型进行导入
	8. 将"Curve Thing"放置到小桌子上。在对象上右击,选择"放置"→"两点"选项

续表

图　　示	步　　骤
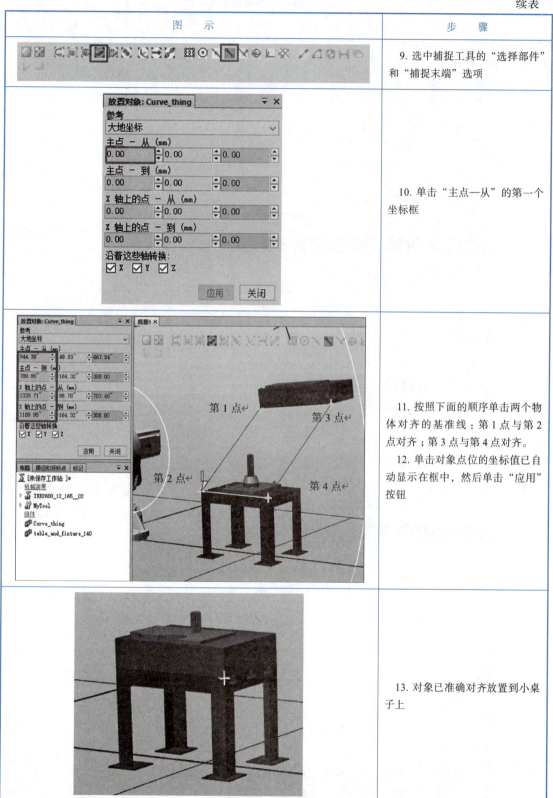	9. 选中捕捉工具的"选择部件"和"捕捉末端"选项
	10. 单击"主点—从"的第一个坐标框
	11. 按照下面的顺序单击两个物体对齐的基准线：第1点与第2点对齐；第3点与第4点对齐。 12. 单击对象点位的坐标值已自动显示在框中，然后单击"应用"按钮
	13. 对象已准确对齐放置到小桌子上

表 1-5 机器人系统的创建步骤

图　　示	步　　骤
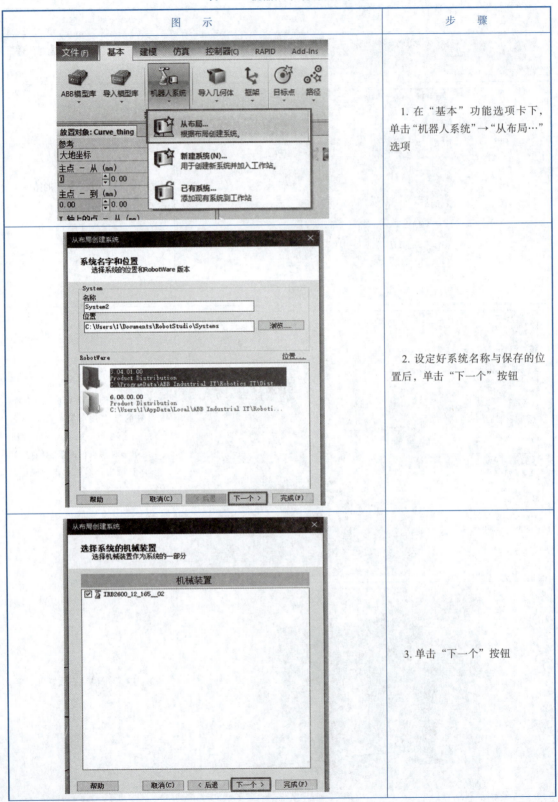	1. 在"基本"功能选项卡下，单击"机器人系统"→"从布局…"选项
	2. 设定好系统名称与保存的位置后，单击"下一个"按钮
	3. 单击"下一个"按钮

续表

图 示	步 骤
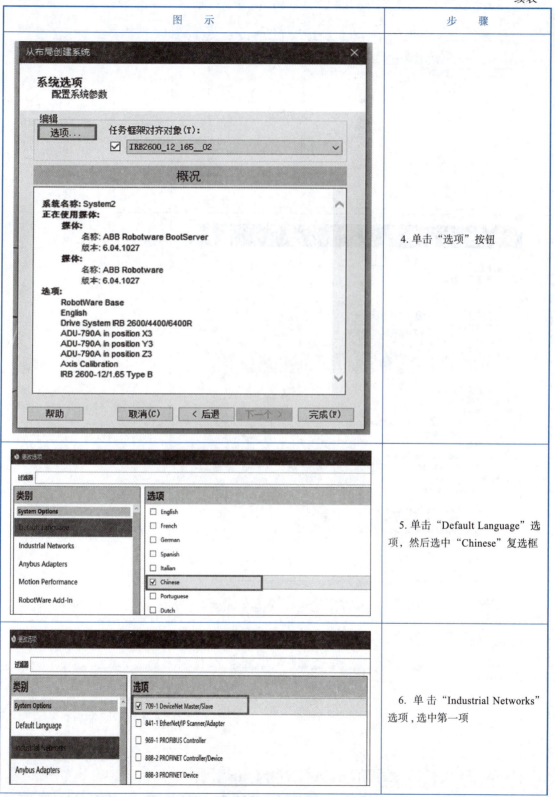	4. 单击"选项"按钮
	5. 单击"Default Language"选项，然后选中"Chinese"复选框
	6. 单击"Industrial Networks"选项，选中第一项

续表

图 示	步 骤
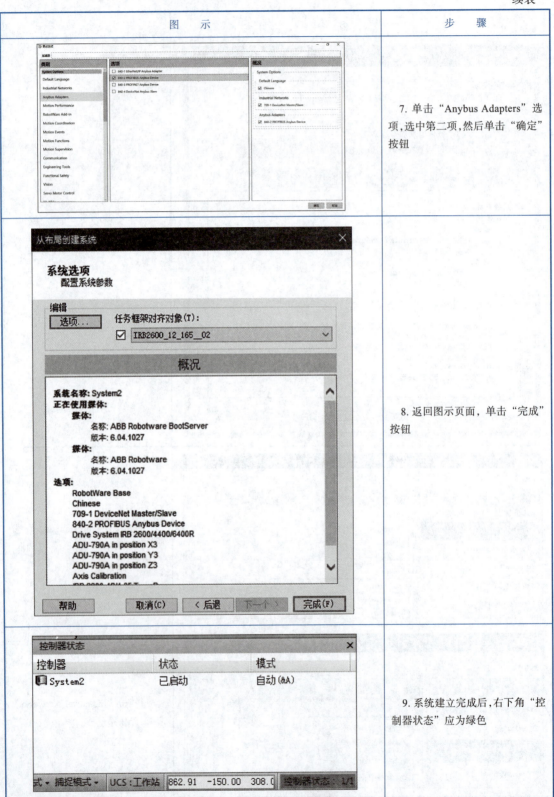	7. 单击"Anybus Adapters"选项,选中第二项,然后单击"确定"按钮
	8. 返回图示页面,单击"完成"按钮
	9. 系统建立完成后,右下角"控制器状态"应为绿色

项目一 工业机器人工作站的构建及仿真

如果在建立工业机器人系统后,发现机器人的摆放位置并不合适,还需要进行调整,就要在移动机器人的位置后重新确定机器人在整个工作站中的坐标位置。

子任务二 工业机器人工作站工件坐标的创建

在创建工业机器人运动轨迹之前,需要确定机器人运动的参考坐标(工件坐标),确保安装在法兰盘上的工具 MyTool 在工件坐标中沿着对象的边沿行走一圈。因此需要在 RobotStudio 软件工作站中对工件对象建立工件坐标。其具体实施步骤见表 1-6。

视 频
工件坐标的创建

表 1-6 工业机器人工件坐标的创建步骤

图 示	步 骤
	1. 在"基本"功能选项卡下选择"其他"→"创建工件坐标"选项
	2. 单击"选择表面"选项。 3. 单击"捕捉末端"选项
	4. 设定工件坐标名称为"Workobject_1"。 5. 单击用户坐标框架的"取点创建框架"的下拉箭头
	6. 选中"三点"单选按钮。 7. 单击"X轴上的第一个点"的第一个坐标框

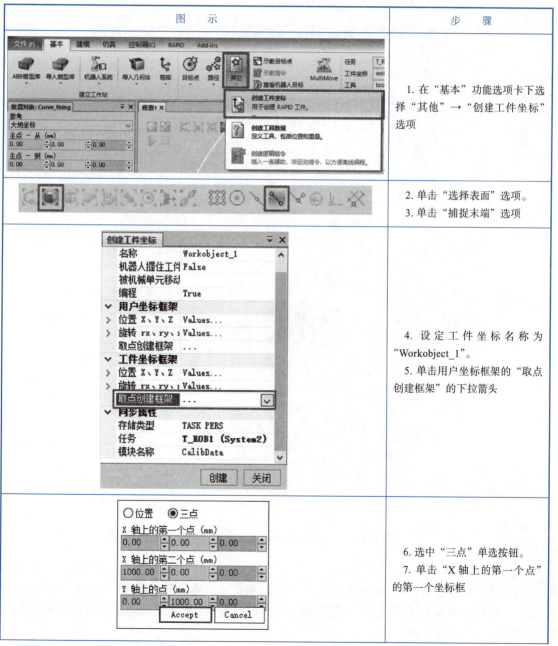

续表

图 示	步 骤
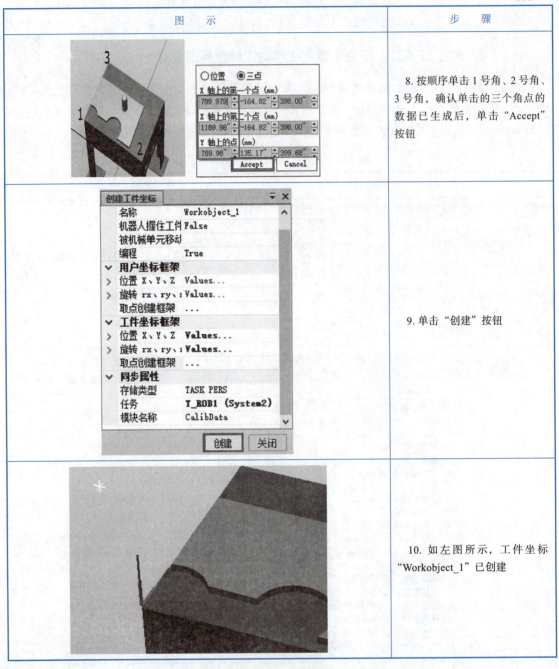	8. 按顺序单击1号角、2号角、3号角，确认单击的三个角点的数据已生成后，单击"Accept"按钮
	9. 单击"创建"按钮
	10. 如左图所示，工件坐标"Workobject_1"已创建

子任务三 工业机器人工作站运动轨迹的创建

在 RobotStudio 仿真软件中，工业机器人工作站运动轨迹也是通过 RAPID 程序指令进行控制的，生成的轨迹也可以下载到真实的机器人中运行。在本任务中，利用 RobotStudio 仿真软件用户界面创建了工业机器人工作站运动轨迹，具体实施步骤如表 1-7 所示。

视 频

机器人运动轨迹的创建

项目一 工业机器人工作站的构建及仿真

表 1-7 工业机器人工作站运动轨迹的创建步骤

图 示	步 骤
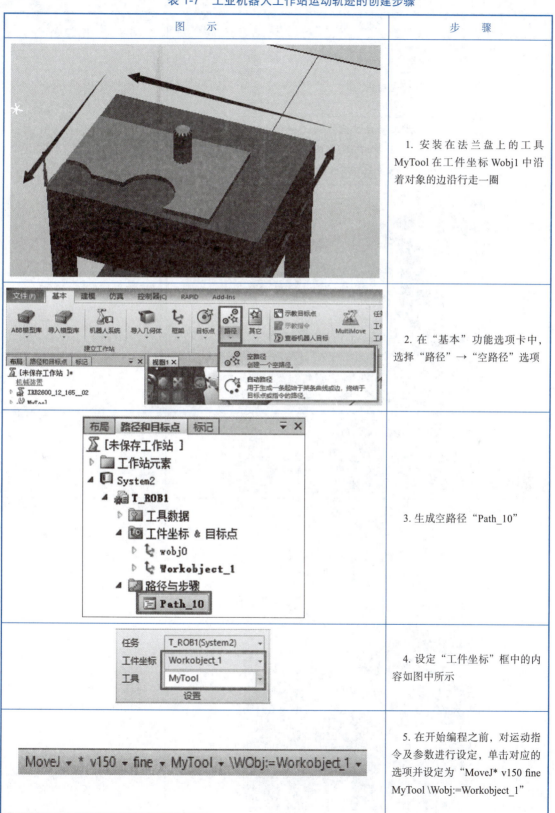	1. 安装在法兰盘上的工具 MyTool 在工件坐标 Wobj1 中沿着对象的边沿行走一圈
	2. 在"基本"功能选项卡中，选择"路径"→"空路径"选项
	3. 生成空路径"Path_10"
	4. 设定"工件坐标"框中的内容如图中所示
	5. 在开始编程之前，对运动指令及参数进行设定，单击对应的选项并设定为"MoveJ* v150 fine MyTool \Wobj:=Workobject_1"

续表

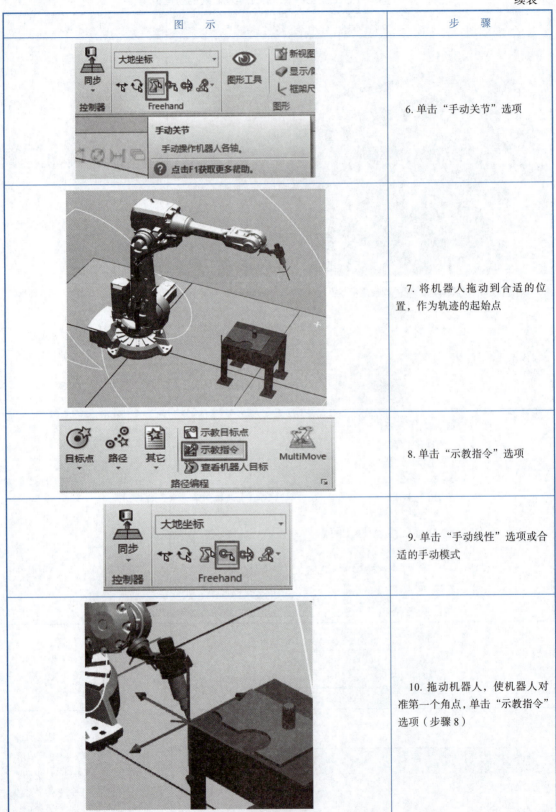

图 示	步 骤
	6. 单击"手动关节"选项
	7. 将机器人拖动到合适的位置，作为轨迹的起始点
	8. 单击"示教指令"选项
	9. 单击"手动线性"选项或合适的手动模式
	10. 拖动机器人，使机器人对准第一个角点，单击"示教指令"选项（步骤8）

项目一　工业机器人工作站的构建及仿真

续表

图　　示	步　　骤
 MoveL ▼ * v150 ▼ fine ▼ MyTool ▼ \WObj:=Workobjed_1 ▼	11. 接下来的指令要沿桌子直线运动，单击对应的选项并设定为"MoveL * v150 fine MyTool \Wobj:=Workobject_1"
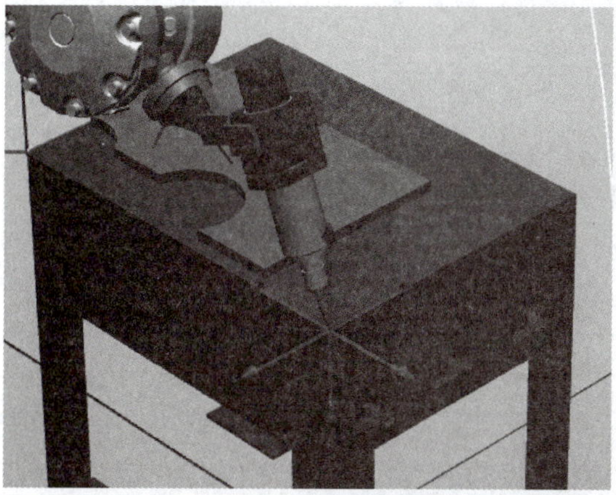	12. 拖动机器人，使工具对准第二个角点，单击"示教指令"选项（步骤8）
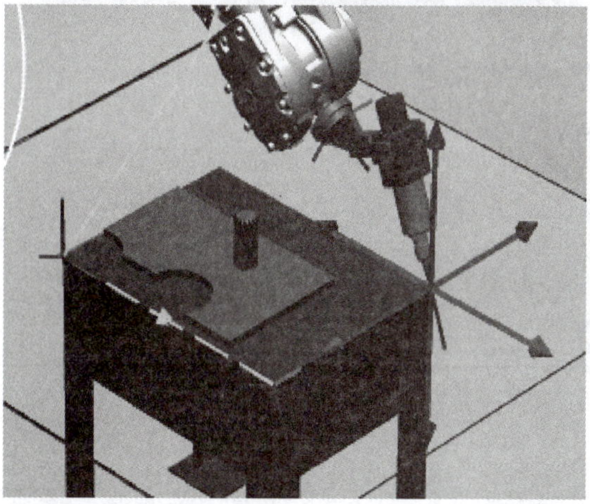	13. 拖动机器人，使工具对准第三个角点，单击"示教指令"选项（步骤8）
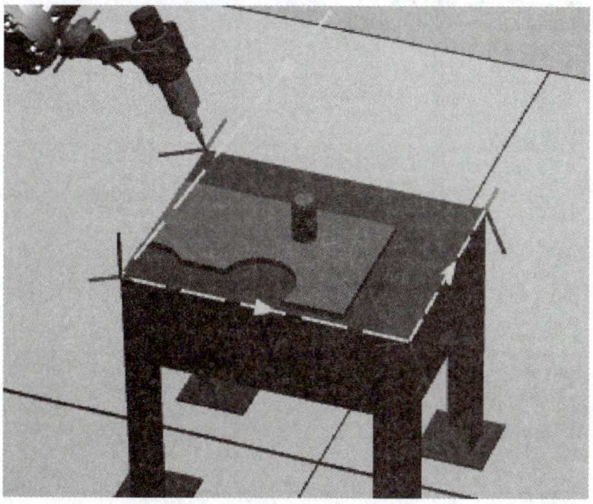	14. 拖动机器人，使工具对准第四个角点，单击"示教指令"选项（步骤8）

续表

图 示	步 骤
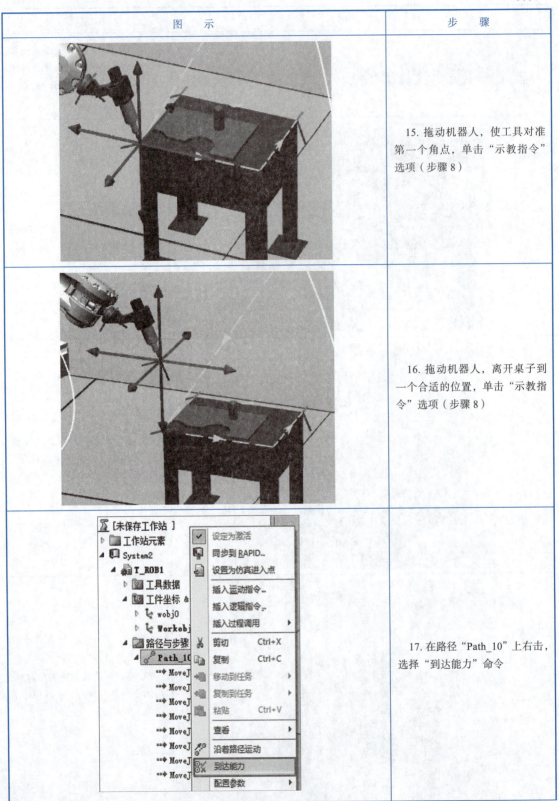	15. 拖动机器人，使工具对准第一个角点，单击"示教指令"选项（步骤8）
	16. 拖动机器人，离开桌子到一个合适的位置，单击"示教指令"选项（步骤8）
	17. 在路径"Path_10"上右击，选择"到达能力"命令

续表

图　　示	步　　骤
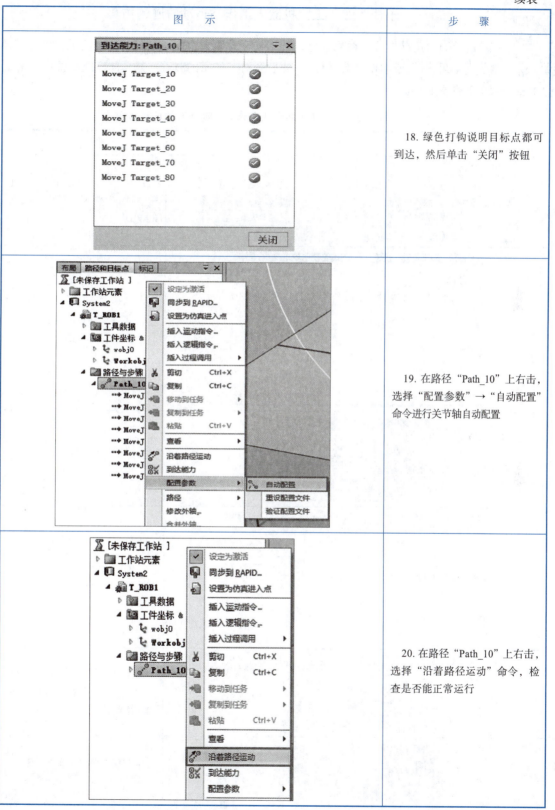	18. 绿色打钩说明目标点都可到达，然后单击"关闭"按钮
	19. 在路径"Path_10"上右击，选择"配置参数"→"自动配置"命令进行关节轴自动配置
	20. 在路径"Path_10"上右击，选择"沿着路径运动"命令，检查是否能正常运行

子任务四 工业机器人工作站运动轨迹的仿真

视 频

机器人运动轨迹的仿真

最后通过运动轨迹的仿真,可以看到工业机器人工作站运动的仿真结果,也可以录制仿真结果视频或生成 EXE 文件,方便后续对工作站的查看。其具体实施步骤见表 1-8、表 1-9 和表 1-10。

表 1-8 工业机器人工作站运动轨迹的仿真步骤

图 示	步 骤
	1. 在"基本"功能选项卡下单击"同步"选项,选择"同步到 RAPID"
	2. 将需要同步的项目都选中后,单击"确定"按钮
	3. 在"仿真"功能选项卡下单击"仿真设定"选项
	4. 单击"T_ROB1",在"T_ROB1 的设置"下方"进入点"里选择"Path_10",然后关闭"仿真设定"视图
	5. 在"仿真"功能选项卡中,单击"播放"按钮。这时机器人就按之前所示教的轨迹进行运动
	6. 单击"保存"按钮,进行工作站的保存

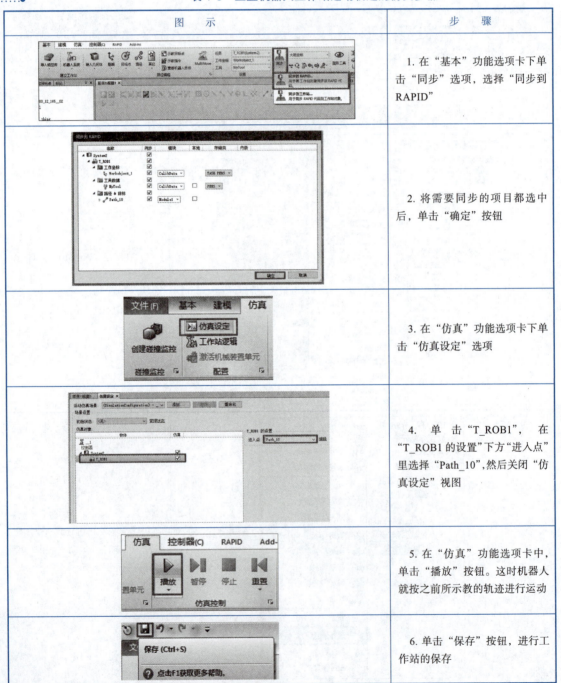

表 1-9 仿真轨迹视频录制步骤

图 示	步 骤
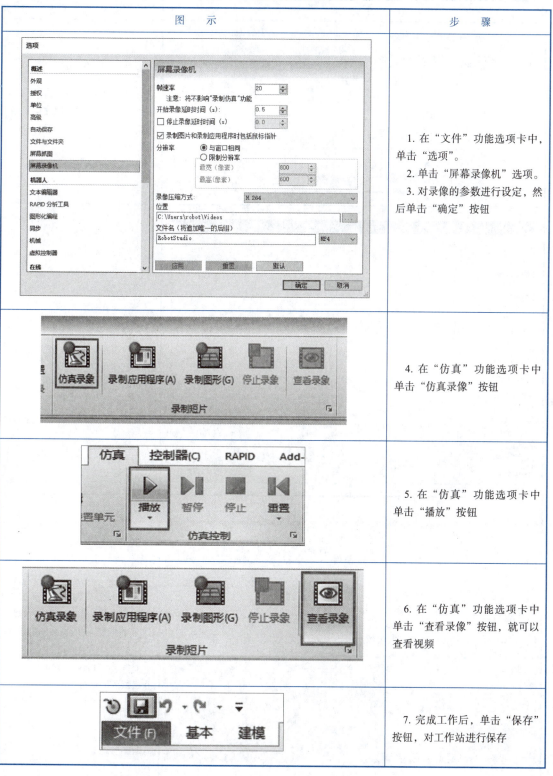	1. 在"文件"功能选项卡中，单击"选项"。 2. 单击"屏幕录像机"选项。 3. 对录像的参数进行设定，然后单击"确定"按钮
	4. 在"仿真"功能选项卡中单击"仿真录像"按钮
	5. 在"仿真"功能选项卡中单击"播放"按钮
	6. 在"仿真"功能选项卡中单击"查看录像"按钮，就可以查看视频
	7. 完成工作后，单击"保存"按钮，对工作站进行保存

表 1-10　仿真轨迹生成 EXE 文件步骤

图　　示	步　　骤
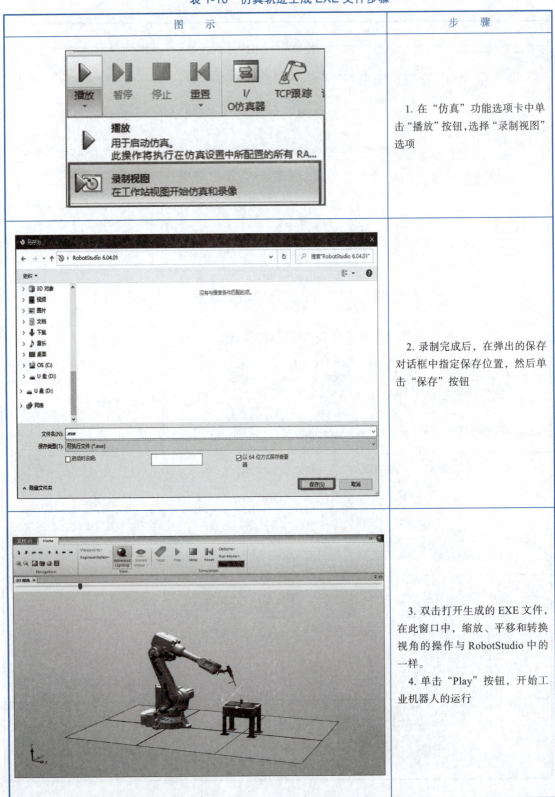	1. 在"仿真"功能选项卡中单击"播放"按钮,选择"录制视图"选项
	2. 录制完成后,在弹出的保存对话框中指定保存位置,然后单击"保存"按钮
	3. 双击打开生成的 EXE 文件,在此窗口中,缩放、平移和转换视角的操作与 RobotStudio 中的一样。 4. 单击"Play"按钮,开始工业机器人的运行

项目评价

本项目将从知识、技能和素养三个方面进行评价，其具体的评价指标参考表 1-11。

表 1-11 项目评价表

知识、技能和素养	评价指标	评价结果
知识方面（30%）	1. 了解工业机器人仿真技术； 2. 掌握 RobotStudio 仿真软件的界面功能； 3. 掌握 RobotStudio 仿真软件的操作及应用	自我评价 ☐ A ☐ B ☐ C 教师评价 ☐ A ☐ B ☐ C
职业技能（50%）	1. 完成 RobotStudio 仿真软件的安装与授权； 2. 完成工业机器人工作站的构建； 3. 完成工业机器人工作站运动轨迹的创建与仿真	自我评价 ☐ A ☐ B ☐ C 教师评价 ☐ A ☐ B ☐ C
职业素养（20%）	1. 培养爱国主义情怀； 2. 客观自我评价； 3. 做到"6S"①管理要求	自我评价 ☐ A ☐ B ☐ C 教师评价 ☐ A ☐ B ☐ C
学生签字：	指导教师签字：	年 月 日

课后阅读

工业机器人的产生与发展

1920 年，捷克作家卡雷尔·恰佩克发表了剧本《罗萨姆的万能机器人》，剧中叙述了一个叫作罗萨姆的公司将机器人作为替代人类劳动的工业品推向市场的故事，这是最早出现的机器人启蒙思想。

第一代机器人的诞生源于发展核技术的需求

20 世纪 40 年代，美国建立了原子能实验室，但实验室内部的核辐射环境对人体的伤害较大，迫切需要一些操作机械能代替人处理放射性物质。在这个需求的推动下，美国原子能委员会的阿尔贡研究所于 1947 年开发了遥控机械手，随后又在 1948 年开发了机械耦合的主从机械手。

所谓主从机械手，即当操作人员控制主机械手做一连串动作时，从机械手可准确地模仿主机械手的动作。然而这些机器人是遥控操作的机器，工作方式是人通过遥控设备对机器进行指挥，而机器人本身并不能独立控制运动。

第二代机器人通过程序控制

1954 年，美国人制造出世界第一台可编程的机械手，并注册了专利。按照预先设定好的程序，该机械手可以从事不同的工作，具有通用性和灵活性，如图 1-3 所示。

1958 年，被誉为"机器人之父"的美国人约瑟夫·恩格尔伯格创建了世界上第一家机器人

---

① 6S 是一种管理模式，是 5S 的升级，即整理（SEIRI）、整顿（SEITON）、清扫（SEISO）、清洁（SEIKETSU）、素养（SHITSUKE）、安全（SECURITY）下同。

公司 Unimation，正式把机器人向产业化方向推进。1962 年，Unimation 公司的第一台机器人产品 Unimate 问世。该机器人由液压驱动，并依靠计算机控制手臂执行相应的动作。

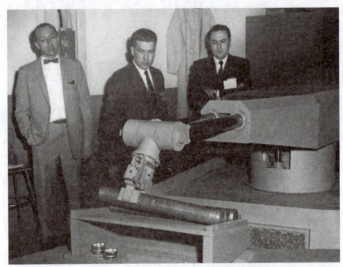

图 1-3　世界第一台可编程的机械手

第三代机器人具备感知能力

1968 年，美国斯坦福国际研究所成功研制出移动式机器人 Shakey，它是世界上第一台带有人工智能的机器人，能够自主进行感知、环境建模、行为规划等任务。该机器人配有电视摄像机、三角法测距仪、碰撞传感器、驱动电机以及编码器等硬件设备，并由两台计算机通过无线通信系统控制，如图 1-4 所示。局限于当时的计算水平，Shakey 需要相当大的机房支持其进行功能运算，同时规划行动也往往要消耗数小时。

1979 年，美国 Unimation 公司推出通用工业机器人 PUMA，如图 1-5 所示，这标志着工业机器人技术已经成熟。PUMA 至今仍然工作在生产第一线，许多机器人技术的研究都以该机器人为模型和对象。

图 1-4　世界上第一台智能移动机器人

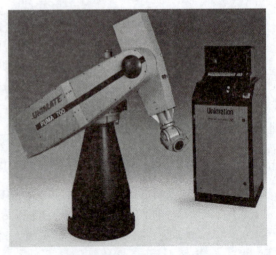

图 1-5　通用工业机器人 PUMA

1979 年，日本山梨大学发明了平面关节型 SCARA 机器人，如图 1-6 所示，该平面关节型机器人此后在装配作业中得到了广泛应用。

1980年被称为"机器人元年",这个时期开发出点焊机器人、弧焊机器人、喷涂机器人以及搬运机器人这四大类型的工业机器人。

1982年,中国科学院沈阳自动化研究所研制出了我国第一台工业机器人。

2000年4月,中国科学院沈阳自动化研究所成立新松机器人公司,标志着中国工业机器人走上了产业化发展道路。

2012年,多家机器人著名厂商开发出双臂协作机器人,如图1-7所示。

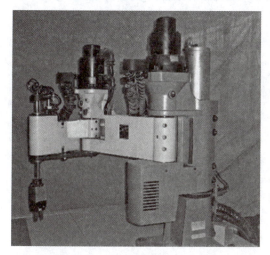

图1-6 平面关节型SCARA机器人

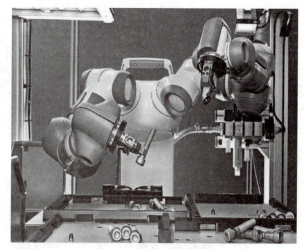

图1-7 双臂协作机器人

2014年,我国首创了重载双移动机器人系统,能让两个40 t的重载AGV(自动导引车)协同工作。

2017年,我国首台拥有自主知识产权的真空机器人研制成功,可以在真空环境下水平移动重达16 kg的半导体材料。

工业机器人的自动化程度在逐年提高,应用领域也在逐年扩大。未来工业机器人会向着高度智能化、人机协作、模块化、网络化方向发展。

项目二
激光切割机器人的离线编程与仿真

学习目标

1. 知识目标
（1）了解图形轨迹的生成途径；
（2）熟悉目标点的调整策略；
（3）掌握运动轨迹及目标点轴参数配置方法。

2. 技能目标
（1）完成激光切割运动曲线和路径的创建；
（2）完成激光切割目标点调整和轴参数配置；
（3）完成激光切割运动轨迹程序的完善与仿真。

3. 素养目标
（1）紧随科技发展，培养创新思维；
（2）追求热爱工作岗位的执着梦；
（3）培养良好沟通能力和客观自我评价的习惯。

项目导入

在工业机器人工作站离线轨迹编程中，最为关键的三步是机器人运动图形曲线，目标点调整和轴参数配置。

机器人运动图形曲线来源于以下三个途径：

（1）生成曲线，除了"先创建曲线再生成轨迹"的方法外，还可以直接捕捉 3D 模型的边缘进行轨迹的创建。本项目中，激光切割运动曲线的创建采用的就是这个方法。

（2）导入 3D 模型之前，可在专业的绘图软件中进行处理，可在数模表面绘制相关曲线，导入 RobotStudio 仿真软件后，根据这些已有的曲线直接转换成机器人轨迹。

（3）在生成轨迹时，需要根据实际情况，选取合适的近似值参数并调整数值的大小。

目标点调整的方法有多种，通常是综合运用多种方法进行调整。在调整的过程中，往往采用的策略都是先完成单一目标点调整，其他目标点进行批量调整时，对某些属性可以参考调整好的第一个目标点在某个方向上进行对准。

轴配置调整配置过程中,可能出现"无法跳转,检查轴配置"的问题。在这种情况下,可采用如下方法进行调整:

(1)轨迹起始点尝试使用不同的轴配置参数。

(2)尝试更改轨迹起始点位置。

(3)SingArea、ConfL、ConfJ 等指令的运用。

本项目以激光切割机器人工作站为例,通过激光切割机器人运动曲线及路径的创建、目标点调整及轴参数配置、运动轨迹的完善及仿真等步骤,实现激光切割机器人工作站的离线编程与仿真。通过项目任务的实施,学生能够掌握工业机器人工作站离线轨迹编程关键环节,学会激光切割机器人曲线及运动路径的创建,完成目标点调整及轴参数配置,实现激光切割运动轨迹的完善与仿真运行,其工作站布局如图 2-1 所示。

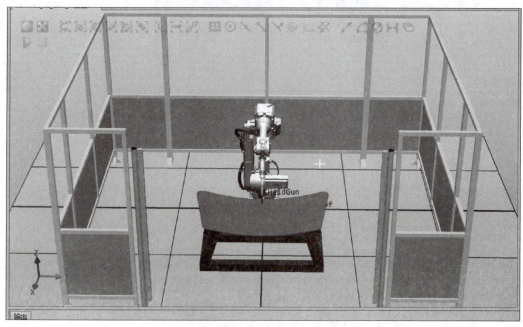

图 2-1　激光切割机器人工作站布局

项目实现

任务一　激光切割运动曲线及路径的创建

为实现激光切割机器人工作站的离线编程与仿真,本任务采用从 3D 模型直接"生成曲线"的方法得到激光切割机器人运动曲线,利用该曲线进一步生成激光切割运动路径。

子任务一　激光切割运动曲线的创建

本任务中,首先解压激光切割机器人工作站,激光切割机器人需要沿着工件的边缘进行加工切割,机器人运动轨迹为 3D 曲线,可以根据现有工件的 3D 模型直接生成该曲线,其具体实施步骤见表 2-1。

视　频

机器人曲线轨迹创建

表 2-1 激光切割曲线的创建步骤

图　示	步　骤
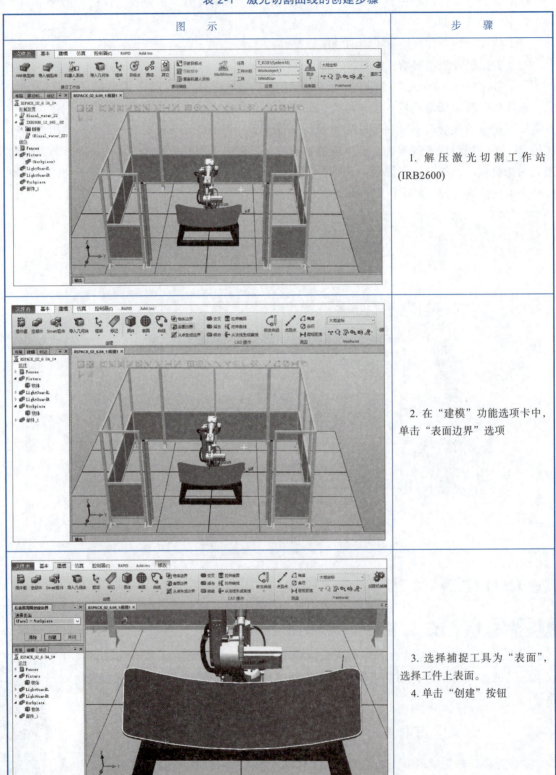	1. 解压激光切割工作站 (IRB2600)
	2. 在"建模"功能选项卡中，单击"表面边界"选项
	3. 选择捕捉工具为"表面"，选择工件上表面。 4. 单击"创建"按钮

项目二 激光切割机器人的离线编程与仿真

续表

图 示	步 骤
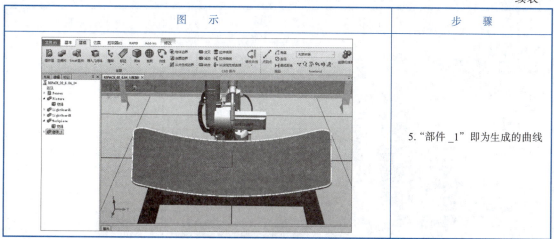	5."部件_1"即为生成的曲线

子任务二 激光切割运动路径的创建

根据得到的 3D 曲线自动生成激光切割运动轨迹。在运动轨迹应用中,往往需要先创建工件坐标以方便后续编程和路径修改,其具体实施步骤见表 2-2。

表 2-2 激光切割路径的创建步骤

图 示	步 骤
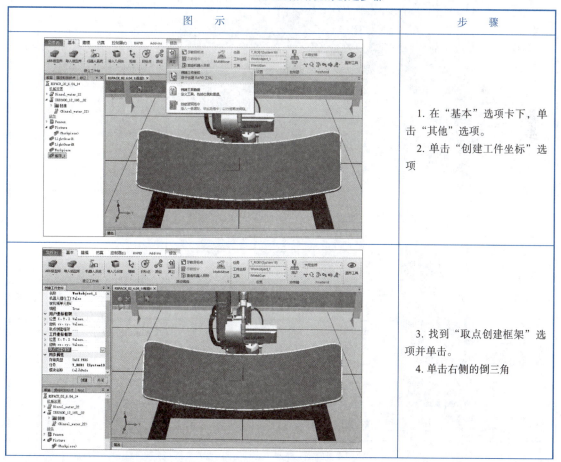	1. 在"基本"选项卡下,单击"其他"选项。 2. 单击"创建工件坐标"选项
	3. 找到"取点创建框架"选项并单击。 4. 单击右侧的倒三角

33

续表

图 示	步 骤
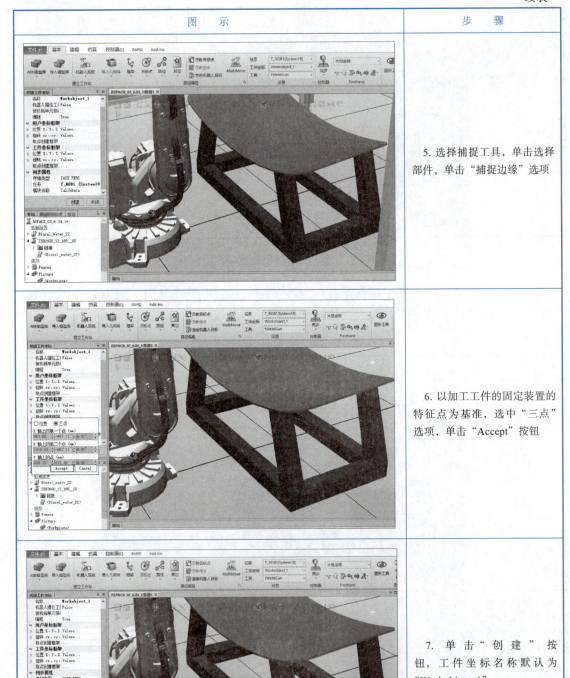	5. 选择捕捉工具，单击选择部件，单击"捕捉边缘"选项
	6. 以加工工件的固定装置的特征点为基准，选中"三点"选项，单击"Accept"按钮
	7. 单击"创建"按钮，工件坐标名称默认为"Workobject_1"

续表

图　　示	步　　骤
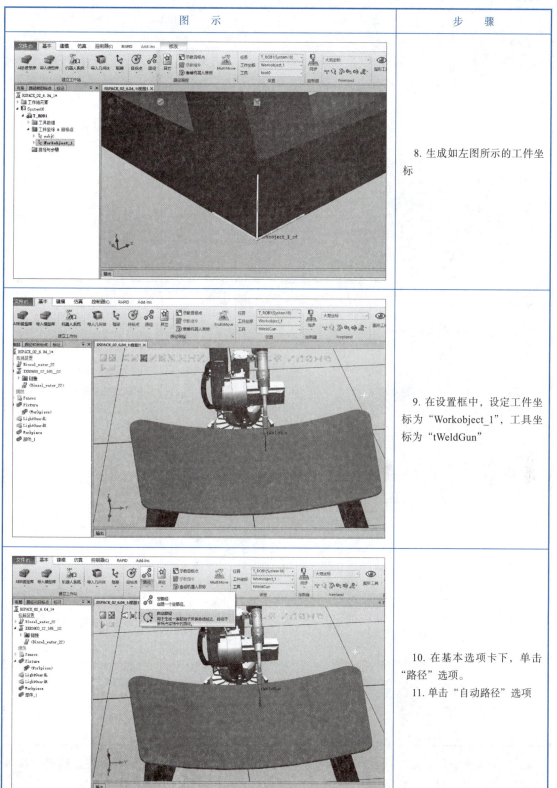	8. 生成如左图所示的工件坐标
	9. 在设置框中，设定工件坐标为"Workobject_1"，工具坐标为"tWeldGun"
	10. 在基本选项卡下，单击"路径"选项。 11. 单击"自动路径"选项

续表

图　　示	步　　骤
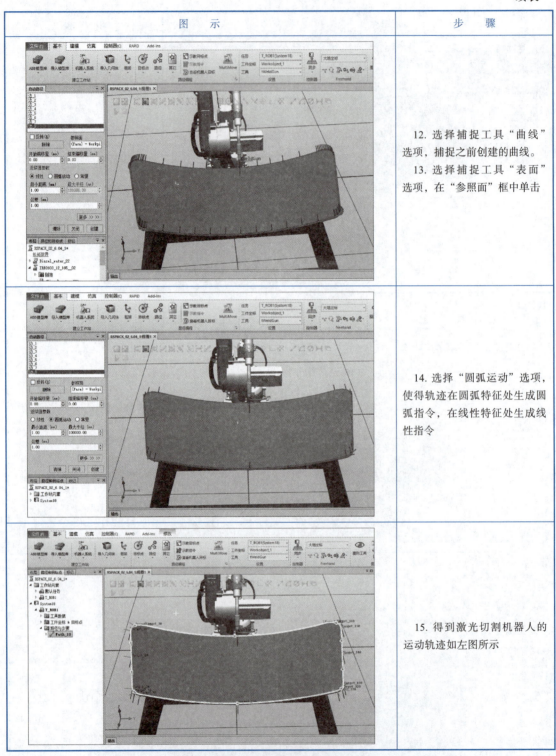	12. 选择捕捉工具"曲线"选项，捕捉之前创建的曲线。 13. 选择捕捉工具"表面"选项，在"参照面"框中单击
	14. 选择"圆弧运动"选项，使得轨迹在圆弧特征处生成圆弧指令，在线性特征处生成线性指令
	15. 得到激光切割机器人的运动轨迹如左图所示

设定完成后，则自动生成激光切割机器人路径"Path_10"，在后面的任务中，将进一步对该路径进行处理，并转换成机器人程序代码，完成激光切割机器人轨迹程序的编制。

任务二 目标点调整及轴参数配置

在前面的任务中,已根据工件边缘曲线自动生成了激光切割机器人运动路径"Path_10",但是在实际应用过程中,激光切割机器人往往不能直接按照此路径来运行,因为部分目标点的姿态激光切割机器人还难以到达。下面,将对目标点的姿态进行修改从而让激光切割机器人能够到达运动路径"Path_10"的各个目标点,在下一任务再进行程序完善和仿真。

视 频

目标点的调整
及轴参数的
配置

子任务一 激光切割机器人目标点调整

根据表 2-3 所示的实施步骤对激光切割机器人的目标点进行调整。在调整目标点的过程中,为了方便查看工具在此姿态下的效果,可以在位置处显示工具。如果机器人所示目标点处的工具姿态难以达到该目标点,此时可以改变该目标点的姿态,从而让激光切割机器人能够到达该目标点。

表 2-3 激光切割机器人目标点调整步骤

图 示	步 骤
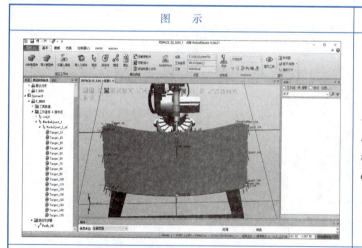	1. 将本工作站工具名称重命名为"tWeldGun";在路径和目标点选项卡中,依次展开"T_ROB1"→"工件坐标&目标点"→"Workobject_1"→"Workobject_1_of",即可看到自动生成的各个目标点
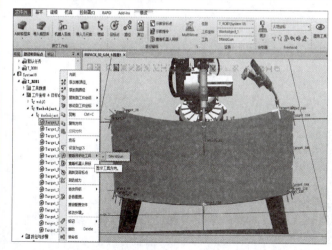	2. 右击目标点"Target_10",选择"查看目标处工具"选项,选中本工作站中的工具"tWeldGun"复选框;如左图所示工业机器人难以达到该目标点,此时可以调整该目标点的姿态,使得机器人能够到达该目标点

续表

图　示	步　骤
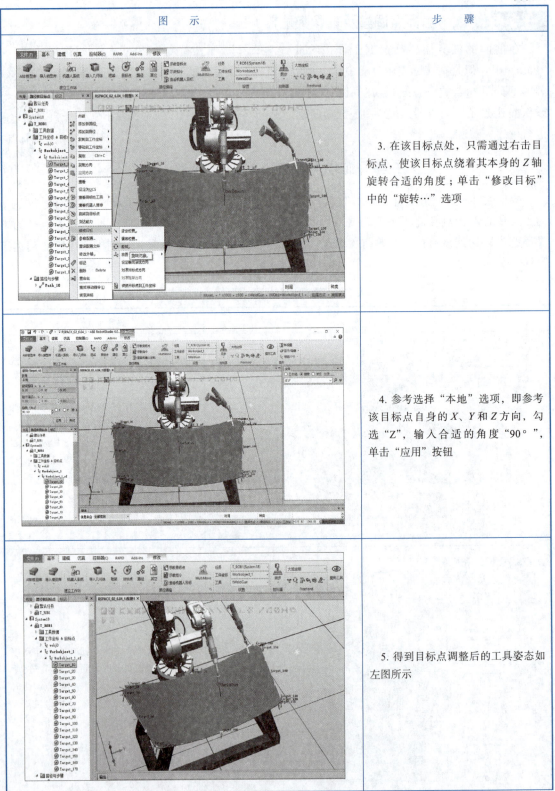	3. 在该目标点处，只需通过右击目标点，使该目标点绕着其本身的 Z 轴旋转合适的角度；单击"修改目标"中的"旋转…"选项
	4. 参考选择"本地"选项，即参考该目标点自身的 X、Y 和 Z 方向，勾选"Z"，输入合适的角度"90°"，单击"应用"按钮
	5. 得到目标点调整后的工具姿态如左图所示

续表

图 示	步 骤
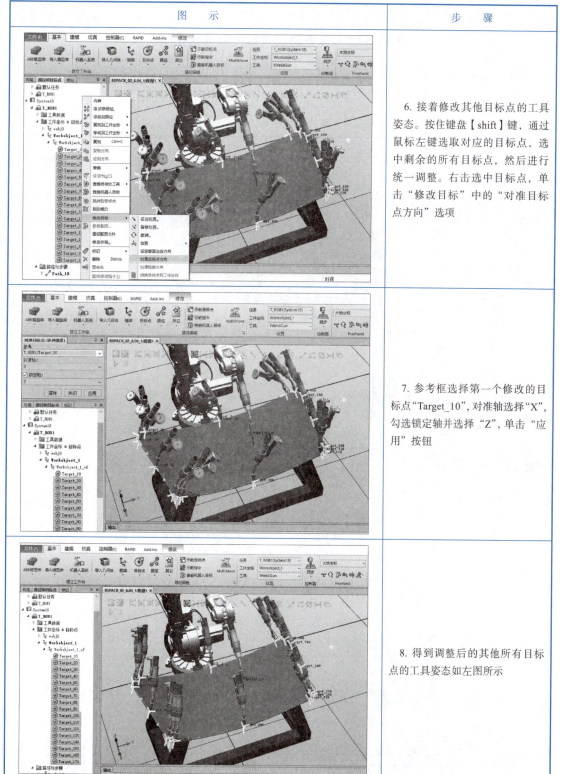	6. 接着修改其他目标点的工具姿态。按住键盘【shift】键，通过鼠标左键选取对应的目标点，选中剩余的所有目标点，然后进行统一调整。右击选中目标点，单击"修改目标"中的"对准目标点方向"选项
	7. 参考框选择第一个修改的目标点"Target_10"，对准轴选择"X"，勾选锁定轴并选择"Z"，单击"应用"按钮
	8. 得到调整后的其他所有目标点的工具姿态如左图所示

这样，就将剩余所有目标点的 X 轴方向对准了已调整好姿态的目标点的 X 轴方向；选中所有目标点，即可查看所有的目标点方向是否已调整完成。

子任务二　激光切割机器人轴参数配置

激光切割机器人到达目标点，可能存在多种关节轴的组合情况，即多种轴配置参数，需要为自动生成的目标点调整轴参数配置，其具体实施步骤见表 2-4。

表 2-4　激光切割机器人轴参数配置步骤

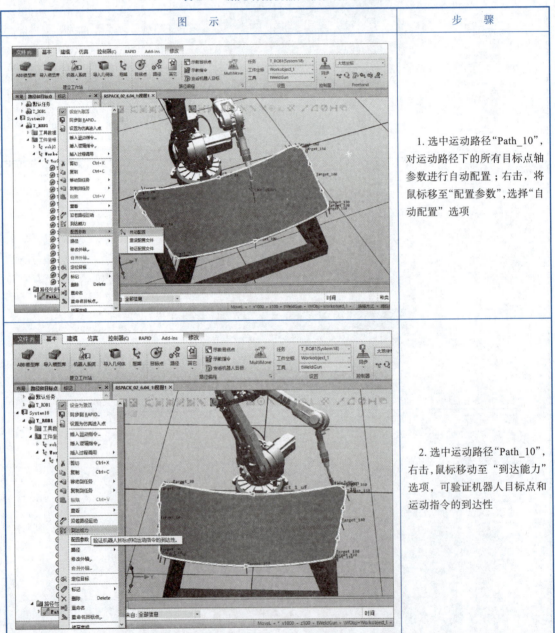

图　示	步　骤
	1. 选中运动路径"Path_10"，对运动路径下的所有目标点轴参数进行自动配置；右击，将鼠标移至"配置参数"，选择"自动配置"选项
	2. 选中运动路径"Path_10"，右击，鼠标移动至"到达能力"选项，可验证机器人目标点和运动指令的到达性

续表

图　示	步　骤
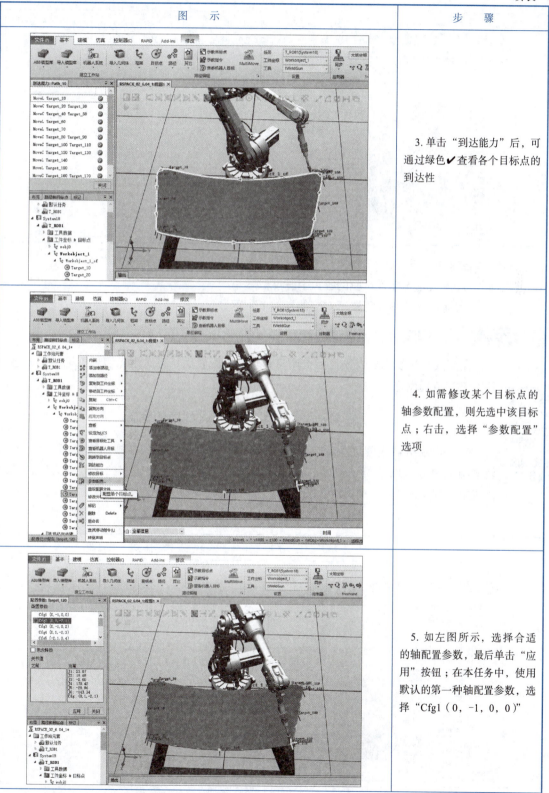	3. 单击"到达能力"后，可通过绿色查看各个目标点的到达性
	4. 如需修改某个目标点的轴参数配置，则先选中该目标点；右击，选择"参数配置"选项
	5. 如左图所示，选择合适的轴配置参数，最后单击"应用"按钮；在本任务中，使用默认的第一种轴配置参数，选择"Cfg1（0，-1，0，0）"

图示	步骤
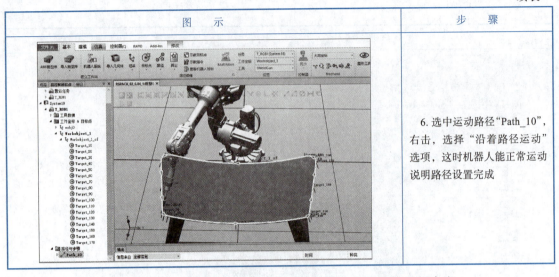	6. 选中运动路径"Path_10"，右击，选择"沿着路径运动"选项，这时机器人能正常运动说明路径设置完成

在选择轴参数配置时，可先查看该属性框中"关节值"中的数值进行参考。

"之前"：目标点原先配置对应的各关节轴度数。

"当前"：当前勾选轴参数配置所对应的各关节轴度数。

任务三　程序完善及仿真运行

在完成激光切割机器人目标点调整和轴参数配置后，将对激光切割机机器人程序进行完善和仿真设定。

子任务一　激光切割机器人程序的完善

激光切割机器人程序的完善需要在"Path_10"运动路径中添加轨迹起始接近点、轨迹结束离开点以及安全位置"pHome"点。下面以添加轨迹起始接近点为例，其具体实施步骤见表2-5。

表2-5　添加轨迹起始接近点步骤

图示	步骤
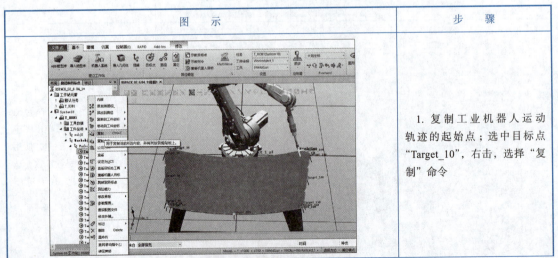	1. 复制工业机器人运动轨迹的起始点；选中目标点"Target_10"，右击，选择"复制"命令

续表

图 示	步 骤
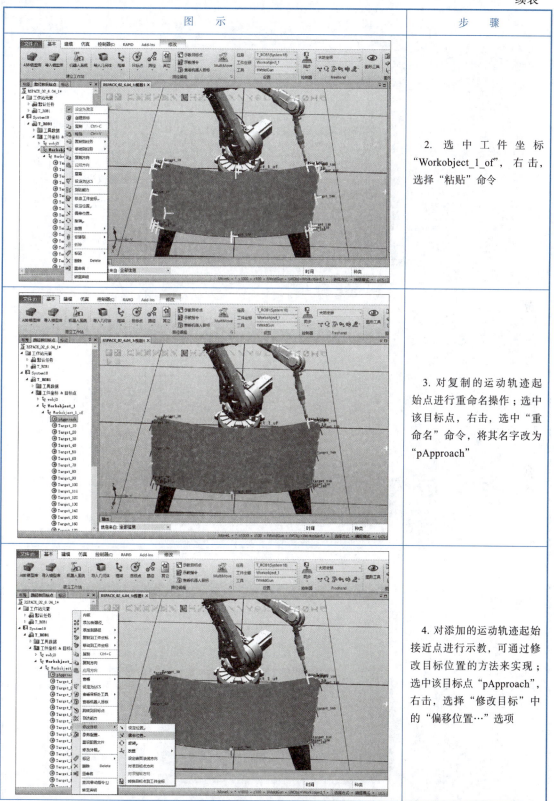	2. 选中工件坐标"Workobject_1_of",右击,选择"粘贴"命令
	3. 对复制的运动轨迹起始点进行重命名操作;选中该目标点,右击,选中"重命名"命令,将其名字改为"pApproach"
	4. 对添加的运动轨迹起始接近点进行示教,可通过修改目标位置的方法来实现;选中该目标点"pApproach",右击,选择"修改目标"中的"偏移位置…"选项

续表

图　　示	步　　骤
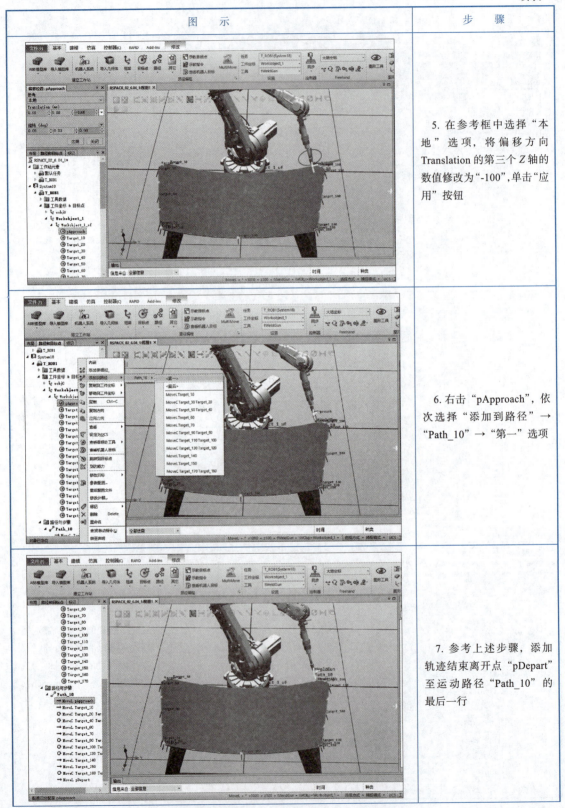	5. 在参考框中选择"本地"选项，将偏移方向 Translation 的第三个 Z 轴的数值修改为"-100"，单击"应用"按钮
	6. 右击"pApproach"，依次选择"添加到路径"→"Path_10"→"第一"选项
	7. 参考上述步骤，添加轨迹结束离开点"pDepart"至运动路径"Path_10"的最后一行

续表

图 示	步 骤
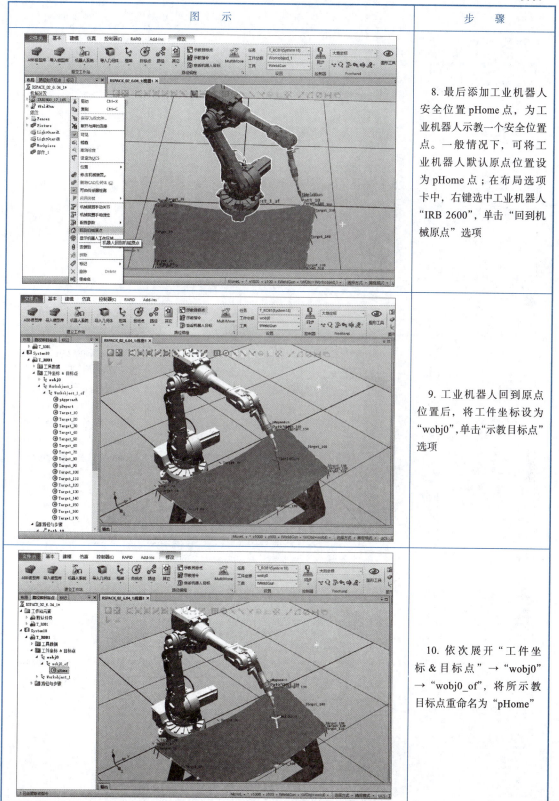	8. 最后添加工业机器人安全位置 pHome 点，为工业机器人示教一个安全位置点。一般情况下，可将工业机器人默认原点位置设为 pHome 点；在布局选项卡中，右键选中工业机器人"IRB 2600"，单击"回到机械原点"选项
	9. 工业机器人回到原点位置后，将工件坐标设为"wobj0"，单击"示教目标点"选项
	10. 依次展开"工件坐标 & 目标点"→"wobj0"→"wobj0_of"，将所示教目标点重命名为"pHome"

45

续表

图 示	步 骤
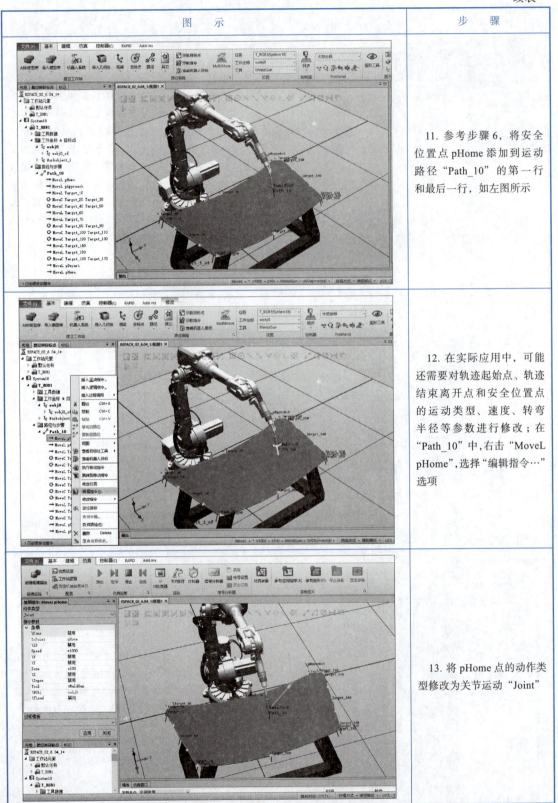	11. 参考步骤6,将安全位置点pHome添加到运动路径"Path_10"的第一行和最后一行,如左图所示
	12. 在实际应用中,可能还需要对轨迹起始点、轨迹结束离开点和安全位置点的运动类型、速度、转弯半径等参数进行修改;在"Path_10"中,右击"MoveL pHome",选择"编辑指令…"选项
	13. 将pHome点的动作类型修改为关节运动"Joint"

续表

图 示	步 骤
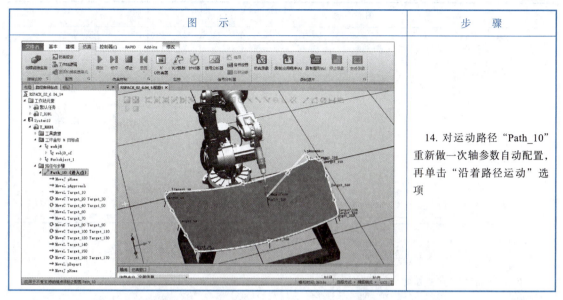	14. 对运动路径"Path_10"重新做一次轴参数自动配置,再单击"沿着路径运动"选项

本任务中,已完成运动轨迹起始接近点"pApproach"、轨迹结束离开点"pDepart"以及安全位置点"pHome"的添加和示教。在一般情况下,在对轨迹起始点、轨迹结束离开点和安全位置点的运动类型、速度、转弯半径等参数修改完成后,需要重新对"Path_10"运动路径进行轴参数自动配置。若无问题,下一步可进行激光切割运动轨迹程序的仿真。

子任务二 激光切割机器人程序的仿真

在完成激光切割机器人目标点调整和轴参数配置,以及完善程序后,接下来可将运动路径"Path_10"同步到 RAPID,转换成 RAPID 代码。然后进行仿真设定,将其设为"进入点",执行仿真,查看机器人的运动轨迹。其具体实施步骤见表2-6。

表2-6 激光切割机器人仿真步骤

图 示	步 骤
	1. 在"基本"功能选项卡下单击"同步"选项

图 示	步 骤
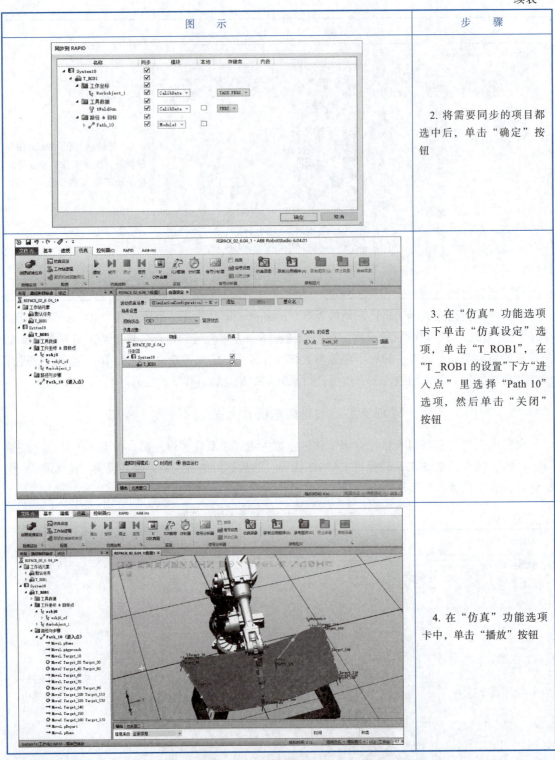	2. 将需要同步的项目都选中后，单击"确定"按钮
	3. 在"仿真"功能选项卡下单击"仿真设定"选项，单击"T_ROB1"，在"T_ROB1 的设置"下方"进入点"里选择"Path_10"选项，然后单击"关闭"按钮
	4. 在"仿真"功能选项卡中，单击"播放"按钮

执行仿真，可以查看机器人的运动轨迹，这时工业机器人就沿着上述步骤4所示曲线轨迹进行运动。

项目二　激光切割机器人的离线编程与仿真

 项目评价

本项目将从知识、技能和素养三个方面进行评价，其具体的评价指标参考表2-7。

表2-7　项目评价表

知识、技能和素养	评价指标	评价结果
知识方面（30%）	1. 了解图形轨迹的生成途径； 2. 熟悉目标点的调整策略； 3. 掌握运动轨迹及目标点轴参数配置方法	自我评价 □A　□B　□C 教师评价 □A　□B　□C
职业技能（50%）	1. 完成激光切割运动曲线和路径的创建； 2. 完成激光切割目标点调整和轴参数配置； 3. 完成激光切割运动轨迹程序的完善与仿真	自我评价 □A　□B　□C 教师评价 □A　□B　□C
职业素养(20%)	1. 感受科技发展，培养创新思维； 2. 追求热爱工作岗位的执着梦； 3. 客观自我评价	自我评价 □A　□B　□C 教师评价 □A　□B　□C
学生签字：	指导教师签字：	年　月　日

 课后阅读

未来可期　机器人正改变人类生产和生活方式

"机器人技术正在深刻改变着人类的生产和生活方式，中国空间站机械臂也助力我们完成了两次出舱任务，在2021年世界机器人大会即将召开之际，神舟十二号飞行乘组在中国空间站预祝大会、博览会取得圆满成功！"2021年9月10日，在北京亦庄开幕的2021世界机器人大会上，神舟十二号三位航天员从中国空间站发来美好祝福。

以"共享新成果，共注新动能"为主题，此次大会全面展示机器人领域新技术、新产品、新模式、新业态。同期举办的世界机器人博览会汇聚顶级厂商，竞秀最新成果，110余家企业的500多款产品精彩呈现，令人耳目一新。

融合创新，开拓新场景

"大家好，我是阿尔伯特·爱因斯坦，欢迎来到2021世界机器人博览会。"在博览会序厅，一位鹤发蓬松、和蔼可亲的"特约讲解员"在介绍大会内容，这是来自大连金石滩EX未来科技馆的"爱因斯坦"仿生机器人正在重现科学巨匠的音容笑貌。走近细看，从眼神、举止到皮肤和指尖都惟妙惟肖。站在其旁的是位身穿机械装甲的红发"金小普"，展现了女性机器人的流线美。

据介绍，这样的机器人集合仿生机器人、5G云端、互动科技等成果，未来可应用在科技馆、名人馆、会展会场或火车站、机场中，提供讲解、导览等服务。

业内专家指出，许多精彩呈现在此次博览会的亲民新产品中，突出特点是融合创新，开发

49

出更多应用新场景的可能性。

"小清小清，请问把啤酒瓶放在哪里？""是可回收垃圾，请投放。"与此同时，创泽智能垃圾站的可回收垃圾桶盖子自动打开，旁边一台缓缓移动的智能消毒机器人正对周围环境进行"紫外线+等离子"消灭病毒、净化空气……

溜炒、焖炖、蒸煮、碎切、称量、识物等，身怀十八般烹饪技艺"会做饭的机器人"让观众感叹，"这要出锅的虫草鸡汤真香！机器人能帮我们做饭烧菜，以后可省事喽。"

硬核科技，激发新动能

随着机器人产业的发展，不断涌现的硬核科技，激发出潜在的新动能。

作为核心零部件，传感器和软件系统在机器人智能化进程中越发作用凸显。在哈工大机器人集团展台亮相的下一代机器人核心软硬件引人注目，包含"哈工轩辕"智能—实时一体化机器人专属操作系统、智能控制器模块、机器人智能驱动单元等。"搭载这个操作系统，我们研发的智能机器人移动作业开发平台可让机器人拥有定位导航、移动视觉抓取、视觉避障与跟随、移动装配等功能。"哈工大机器人集团（HRG）常务副总裁介绍。

据了解，HRG还发布全新子品牌"严格"，瞄准线体供应行业服务质量良莠不齐、供应能力碎片化、小企业发展困难等"痛点"，通过聚合、赋能全行业优质服务者的方式，为具有智能升级转型需求的企业提供先进的智能制造服务。

针对国内外工业机器人在生产中尚未实现现场环境感知能力，无法根据对象的状态调控作业路径，使得加工质量和精度不达标这一难题，华龙讯达展出基于工业互联网平台+数字孪生技术的平台，应用于汽车焊装产线机器人的监测维护。

人形智能机器人是目前人类比较适应我们生活及情感的形态，也是家庭服务机器人的目标。"这是婺源油菜花海，是中国最美乡村的景观之一。"在一幅油画面前讲解的新一代人形智能机器人 ViHero 颇为吸睛。

"我们是海淀中关村壹号园区的企业，这次首发的专业级智能人形服务机器人，集机器视觉、语义解析、人机交互、运动控制以及大数据、云端控制等技术于一身，可以进入社区和家庭，深度参与人们日常工作和生活，比如辅助老人起居及看护孩童陪伴学习等。"伟景机器人展台的工作人员介绍。

项目三

工业机器人运动轨迹的离线编程与仿真

学习目标

1. 知识目标

（1）了解工业机器人 RAPID 程序的基本架构；
（2）熟悉工业机器人的常用程序数据；
（3）掌握工业机器人运动指令的应用。

2. 技能目标

（1）完成虚拟示教器的基本操作与仿真；
（2）正确创建和布局工业机器人系统；
（3）完成工业机器人运动轨迹的虚拟示教编程与仿真。

3. 素养目标

（1）依托国家发展，厚植爱国情怀；
（2）养成"干一行，爱一行，精一行"的工匠精神；
（3）培养良好沟通能力和客观自我评价的习惯。

项目导入

当使用 RobotStudio 仿真软件进行工业机器人的仿真验证时，如果对模型的要求不是特别细致，则可以使用软件的建模功能，创建同等的模型进行替代，达到减少仿真验证时间的目的。

本项目利用 RobotStudio 仿真软件的建模功能来创建 3D 模型，其具体布局如图 3-1 所示。以三角形运动轨迹为例，通过虚拟示教器创建工业机器人程序数据、RAPID 例行程序，编制工业机器人程序并进行调试运行。通过项目任务的实施，要求学生能够应用工业机器人 RobotStudio 仿真软件建模功能创建相关的 3D 模型，能独立创建工业机器人的程序数据、编制简单的运动轨迹程序，实现工业机器人运动轨迹的虚拟示教编程与仿真。

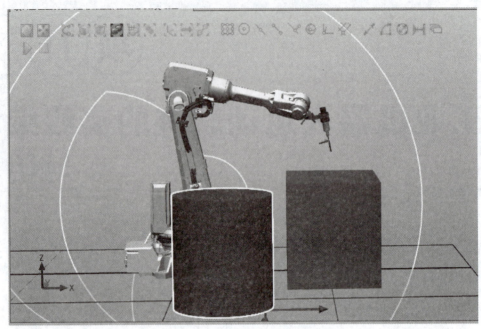

图 3-1 工业机器人系统布局

项目实现

任务一 工业机器人系统的创建

在实际应用中,如果工业机器人工作站对周边模型的要求较高,可以通过专业的第三方建模软件(如 AutoCAD、Pro/E、SolidWorks 等)进行建模,并转换成特定格式(如 .sat 格式)再导入至 RobotStudio 仿真软件中使用。如果对周边模型要求不高时,则可以使用 RobotStudio 仿真软件建模功能创建基本的模型来满足需求,提高仿真验证的效率,节约一定的时间。本任务利用 RobotStudio 仿真软件建模功能来创建工业机器人加工模型,再从布局创建工业机器人系统。

子任务一 RobotStudio 仿真软件建模功能介绍

RobotStudio 的建模功能比较简单,可以进行常见的矩形体、圆柱体、圆锥体、锥体、球体等 3D 模型的创建。其具体建模功能可以概括为以下几个方面:

(1)使用 RobotStudio 建模功能创建 3D 模型:在"建模"选项卡中单击"创建"组中的"固体",选择所需要创建的 3D 模型,例如矩形体、圆柱体、圆锥体、锥体、球体等,其界面如图 3-2 所示。在操作过程中,创建每一种模型都需要对空间位姿(基座中心点、方向)和形状特征参数进行设置(见图 3-3)。掌握每一个参数的特性,就可以创建出符合预期目标的模型。

(2)对 3D 模型进行常规设置:对创建好的模型对象,选中并右击,在弹出的快捷菜单中有很多对模型进行设置的选项,如保存为库文件、导出几何体、设定位置、放置、设定颜色、重命名等。如图 3-4 所示,通过常规设置可以对模型颜色进行个性化的设置。颜色设置的目的是增加不同模型间的辨识度,同时使整体显示效果更加美观。

项目三 工业机器人运动轨迹的离线编程与仿真

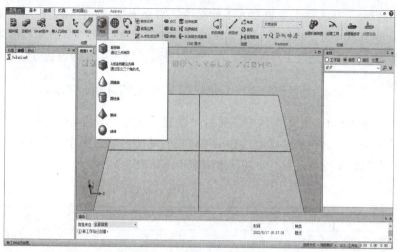

图 3-2 3D 模型创建示意图

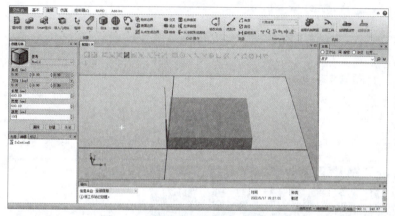

图 3-3 空间位姿和形状特征参数设置

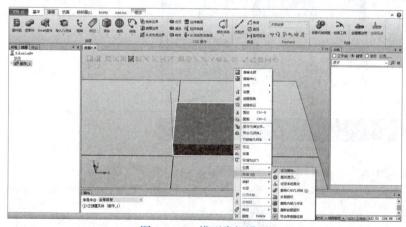

图 3-4 3D 模型常规设置

（3）机械装置的创建：在工业机器人工作站中，动态的模型演示效果会给人直观的视觉刺激、使得更加容易理解工作站的工业原理和运行效果，因此往往需要在工作站中创建贴合实际的机械装置。

（4）工具的创建：在实际工业机器人工作站中，需要根据实际应用给机器人末端安装响应的工具。在 RobotStudio 仿真软件中，则可以通过两种途径来创建所需的工具。第一种是利用导入几何体部件来创建工具模型；第二种则是通过机械装置的创建方法来创建工具。

视　频

机器人系统创建及布局

子任务二　工业机器人系统的建模及布局

在 RobotStudio 仿真软件中，通过"新建"菜单创建空的工作站，导入机器人本体以及末端工具。在此基础上，利用"建模"功能选项，创建机器人周围的加工设备，最后从布局创建机器人系统。其具体实施步骤见表 3-1。

表 3-1　工业机器人建模及布局实施步骤

图　示	步　骤
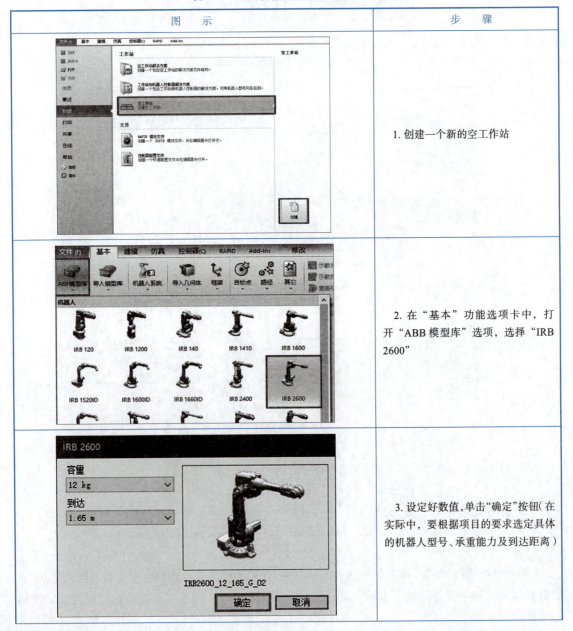	1. 创建一个新的空工作站
	2. 在"基本"功能选项卡中，打开"ABB 模型库"选项，选择"IRB 2600"
	3. 设定好数值，单击"确定"按钮（在实际中，要根据项目的要求选定具体的机器人型号、承重能力及到达距离）

续表

图 示	步 骤
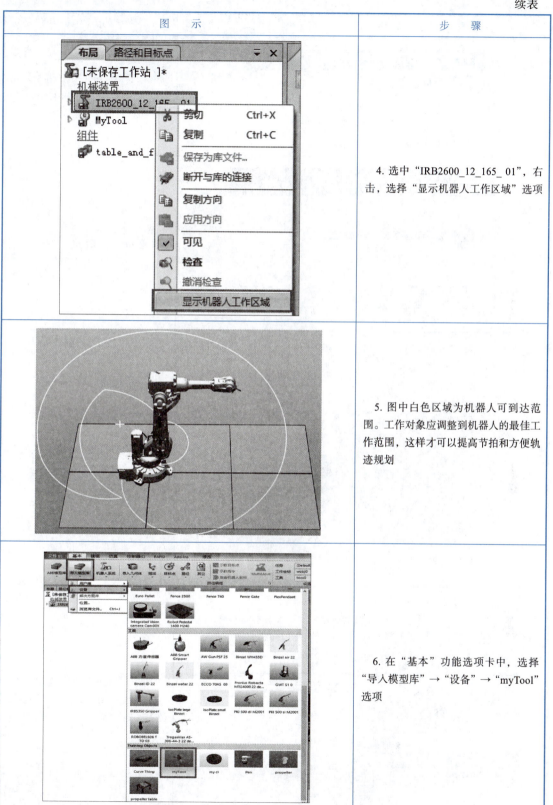	4. 选中"IRB2600_12_165_01",右击,选择"显示机器人工作区域"选项
	5. 图中白色区域为机器人可到达范围。工作对象应调整到机器人的最佳工作范围,这样才可以提高节拍和方便轨迹规划
	6. 在"基本"功能选项卡中,选择"导入模型库"→"设备"→"myTool"选项

续表

图 示	步 骤
	7. 在"MyTool"上按住左键,向上拖动到"IRB2600_12_165_02"后松开左键
	8. 单击"是"按钮
	9. 工具已经安装到机器人法兰盘了
	10. 在"建模"功能选项卡中,单击"创建"组中的"固体"选项,选择"矩形体"

项目三 工业机器人运动轨迹的离线编程与仿真

续表

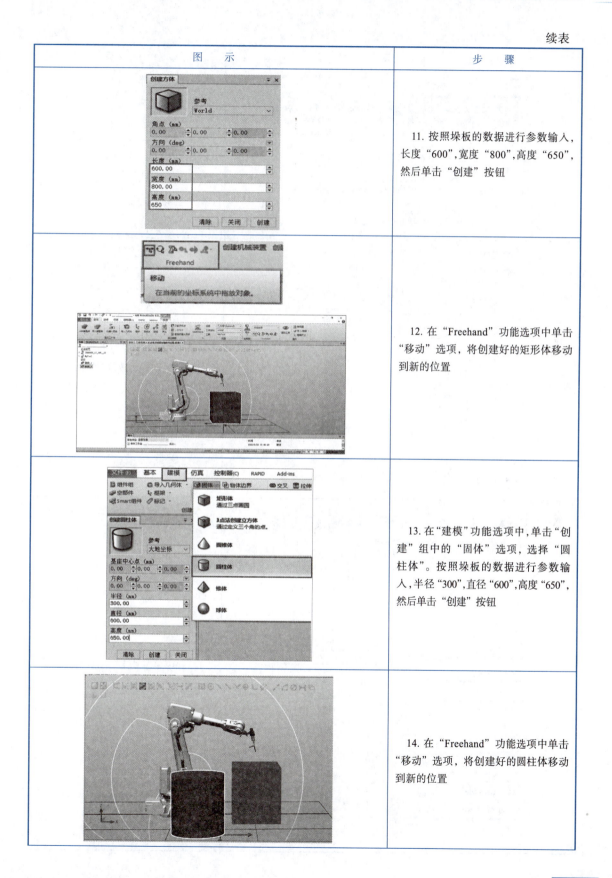

图　示	步　骤
	11. 按照垛板的数据进行参数输入，长度"600"，宽度"800"，高度"650"，然后单击"创建"按钮
	12. 在"Freehand"功能选项中单击"移动"选项，将创建好的矩形体移动到新的位置
	13. 在"建模"功能选项中，单击"创建"组中的"固体"选项，选择"圆柱体"。按照垛板的数据进行参数输入，半径"300"，直径"600"，高度"650"，然后单击"创建"按钮
	14. 在"Freehand"功能选项中单击"移动"选项，将创建好的圆柱体移动到新的位置

57

续表

图示	步骤
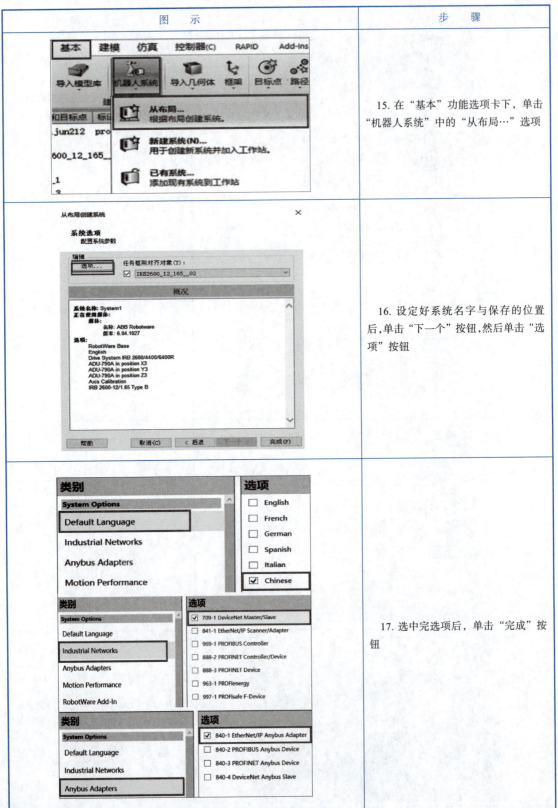	15. 在"基本"功能选项卡下,单击"机器人系统"中的"从布局…"选项
	16. 设定好系统名字与保存的位置后,单击"下一个"按钮,然后单击"选项"按钮
	17. 选中完选项后,单击"完成"按钮

任务二　运动轨迹的虚拟示教编程与仿真

进行机器人编程，需要具备相关方面的基础，包括程序架构、程序数据和运动指令等。在本任务中，主要涉及 ABB 机器人编程基础，同样涵盖了相关内容。在此基础上，创建工业机器人运动轨迹程序数据、编制机器人运动轨迹程序并进行仿真验证。

子任务一　ABB 机器人编程基础

（一）RAPID 程序的基本架构

RAPID 是一种高级编程语言，易学易用，灵活性强；支持二次开发、中断、错误处理、多任务处理等高级功能。RAPID 程序中包含了一连串控制工业机器人的指令，执行这些指令可以实现对工业机器人的控制操作。其基本架构见表 3-2。

视　频
RAPID 的基本架构

表 3-2　RAPID 程序的基本架构

RAPID 程序（任务）			
程序模块 1	程序模块 2	程序模块 3	系统模块
程序数据	程序数据	…	程序数据
主程序 main	例行程序	…	例行程序
例行程序	中断程序	…	中断程序
中断程序	功能	…	功能
功能		…	

RAPID 程序实质上是相当于任务。其基本架构包括：

（1）RAPID 程序由程序模块与系统模块组成。

（2）可以根据不同的用途创建多个程序模块。

（3）每一个程序模块包含了程序数据、例行程序、中断程序和功能四种对象，但不一定在一个模块中都有这四种对象，程序模块之间的程序数据、例行程序、中断程序和功能是可以互相调用的。

（4）在 RAPID 程序中，有唯一的一个主程序 main，可存在于任意一个程序模块中，并且是作为整个 RAPID 程序执行的起点。

（二）工业机器人的程序数据

1. 程序数据的概述

程序数据是在程序模块或系统模块中设定的值和定义的一些环节数据。创建的程序数据由同一个模块或其他模块中的指令进行引用。

图 3-5 所示为工业机器人关节运动指令示例，在该指令中调用了四个常用程序数据。

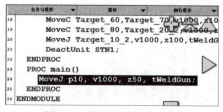

图 3-5　关节运动指令示例

视　频
常用程序数据的说明

图 3-5 中所示的程序数据的说明见表 3-3。

表 3-3 关节指令程序数据说明

程序数据	数据类型	说明
P10	robottarget	机器人运动目标位置数据
V1000	speeddata	机器人运动速度
z50	zonedata	机器人转弯区数据
tWedgun	tooldata	机器人工具 TCP 数据

ABB 机器人的程序数据共有 76 个，可以根据实际情况进行程序数据的创建，为后续的编程奠定基础。在图 3-6 所示示教器的"程序数据"窗口可以进行查看和创建所需的程序数据。

2．程序数据的存储类型

（1）变量 VAR

变量型数据在程序执行的过程中和停止时，会保持当前的值。但如果程序指针被移到主程序后，数值会丢失。

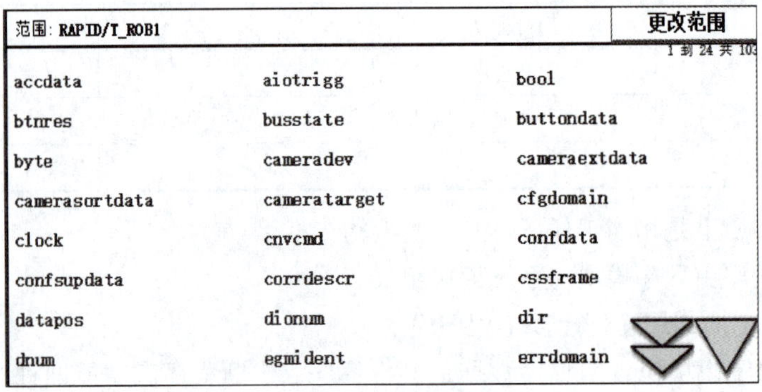

图 3-6 示教器"程序数据"窗口

举例说明：

VAR num length:=0；名称为 length 的数值数据。

VAR string name:="John"；名称为 name 的字符数据。

VAR bool finish:=FALSE；名称为 finish 的布尔量数据。

在机器人执行的 RAPID 程序中也可以对变量存储类型程序数据进行赋值的操作，如下：

```
PROC main( )
  length:=10-1;
  name:="John";
  finished:=TRUE;
END PROC
```

注意：VAR 表示数据的存储类型为变量，num 表示程序数据类型。

提示：在定义数据时，可以定义变量数据的初始值。如 length 的初始值为 0，name 的初始值为 John，finish 的初始值为 FALSE。在程序中执行变量型数据的赋值，在指针复位后将恢复为初始值。

（2）可变量 PERS

可变量最大的特点是，无论程序的指针如何，都会保持最后赋予的值。

举例说明：

PERS num nbr:=1；名称为 nbr 的数值数据。

PERS string test:="Hello"；名称为 test 的字符数据。

在机器人执行的 RAPID 程序中也可以对可变量存储类型程序数据进行赋值的操作。

在程序执行以后，赋值的结果会一直保持，直到对其进行重新赋值。

注意：PERS 表示数据的存储类型为可变量。

（3）常量 CONST

常量的特点是在定义时已赋予了数值，并不能在程序中进行修改，除非手动修改。

举例说明：

CONST num gravity:=9.81；名称为 gravity 的数值数据。

CONST string greating:="Hello"；名称为 greating 的字符数据。

注意：存储类型为常量的程序数据，不允许在程序中进行赋值的操作。

3．常用程序数据的说明

根据不同的数据用途，定义不同的程序数据，工业机器人系统中常用程序数据及其说明见表 3-4。

表 3-4　常用程序数据及其说明

程序数据	说明	程序数据	说明
bool	布尔量	pos	位置数据
byte	整数数据 0～255	pose	坐标转换
clock	计时数据	robjoint	机器人轴角度数据
dionum	数字输入/输出信号	robtarget	机器人与外轴的位置数据
extjoint	外轴位置数据	speeddata	机器人与外轴的速度数据
intnum	中断标志符	string	字符串
jointtarget	关节位置数据	tooldata	工具数据
loaddata	负荷数据	trapdata	中断数据
mecunit	机械装置数据	wobjdata	工件数据
num	数值数据	zonedata	TCP 转弯半径数据
orient	姿态数据		

（三）工业机器人的运动指令

1．关节运动指令

关节运动指令（MoveJ）是在对路径精度要求不高的情况下，将机器人的 TCP 快速移动至给定目标点的指令。关节运动指令适合机器人大范围运动的场合，运动过程中不易出现关节轴进入机械死点的问题。其示意图如图 3-7 所示，主要参数及其说明见表 3-5。

关节运动指令只关注 TCP 的起始点和目标点，其运动轨迹不一定是直线。图 3-7 所示为机器人 TCP 从起始点 p10 移动至目标点 p20，其运动轨迹为一条曲线。

视频

工业机器人的运动指令

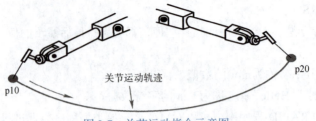

图 3-7 关节运动指令示意图

关节运动指令示例：

| MoveJ | p20 | v500 | z50 | tool1\wobj:=wobj1 |

表 3-5 关节运动指令主要参数及其说明

参　数	定　义
目标点位置数据（p20）	定义机器人 TCP 的运动目标，可以在示教器中单击"修改位置"进行修改
运动速度数据（v500）	定义速度（mm/s）。在手动限速状态下，所有运动速度被限速在 250 mm/s
转弯区数据（z50）	定义转弯区的大小 mm，如果转弯区数据 fine，表示机器人 TCP 达到目标点，在目标点速度降为零
工具坐标数据（tool1）	定义当前指令使用的工具
工件坐标数据（wobj1）	定义当前指令使用的工件坐标

2．线性运动指令

线性运动指令（MoveL）用来使工业机器人的 TCP 沿直线运动至给定的目标点，如图 3-8 所示。在线性运动过程中，机器人的运动状态可控，运动路径具有唯一性，可能出现关节轴进入机械死点的问题。工业生产中，线性运动指令主要应用在激光切割、涂胶、弧焊等对路径精度要求高的场合。

图 3-8 线性运动指令示意图

线性运动指令示例：

| MoveL | p20 | v500 | z50 | tool1\wobj:=wobj1 |

对照线性运动指令和关节运动指令示例，可以看出，线性运动指令的主要参数与关节运动指令是一致的，其说明可见表 3-5。

3．圆弧运动指令

圆弧运动指令（MoveC）是将机器人的 TCP 沿圆弧形式运动至给定目标点，圆弧路径由起始点、中间点和目标点来确定，如图 3-9 所示。

在圆弧运动过程中，机器人的运动状态可控，运动路径具有唯一性，常用于机器人在工作状态下的移动。在使用圆弧运动指令时应注意，不可能通过一个圆弧运动指令来完成一个圆周运动。

项目三　工业机器人运动轨迹的离线编程与仿真

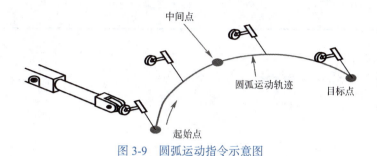

图 3-9　圆弧运动指令示意图

圆弧运动指令示例：

| MoveC | p | p20 | v500 | z50 | tool1\wobj:=wobj1 |

对照圆弧运动指令和关节运动指令示例，可以看出，圆弧运动指令的主要参数比关节运动指令增加了中间位置点，其他主要参数及其说明见表 3-5。

4．绝对位置运动指令

绝对位置运动指令（MoveAbsJ）用来把机器人或者外部轴移动到一个绝对位置。根据绝对位置运动指令，机器人以单轴运动的方式运动至目标点，绝对不存在机械死点，但运动状态完全不可控，因此在实际生产中应避免使用该指令。该指令常用于机器人六个轴回到机械原点的位置。

绝对位置运动指令示例：

| MoveAbsJ | p20 | v500 | z50 | tool1\wobj:=wobj1 |

对照绝对位置运动指令和关节运动指令示例，可以看出，绝对位置运动指令的主要参数与关节运动指令是一致的，其说明见表 3-5。

子任务二　运动轨迹程序数据的创建

在进行具体编程之前，需要设定机器人运动轨迹参考的坐标系，创建相应的工件坐标，并创建机器人运动目标点位置数据。其具体创建步骤见表 3-6 和表 3-7。

视　频

程序数据
的创建

表 3-6　工件坐标的创建步骤

图　示	步　骤
	1. 在创建好机器人系统的基础上，我们要创建工件坐标和程序数据，依次选择"同步"→"同步到 RAPID"选项
	2. 将选项全部选中

续表

图　示	步　骤
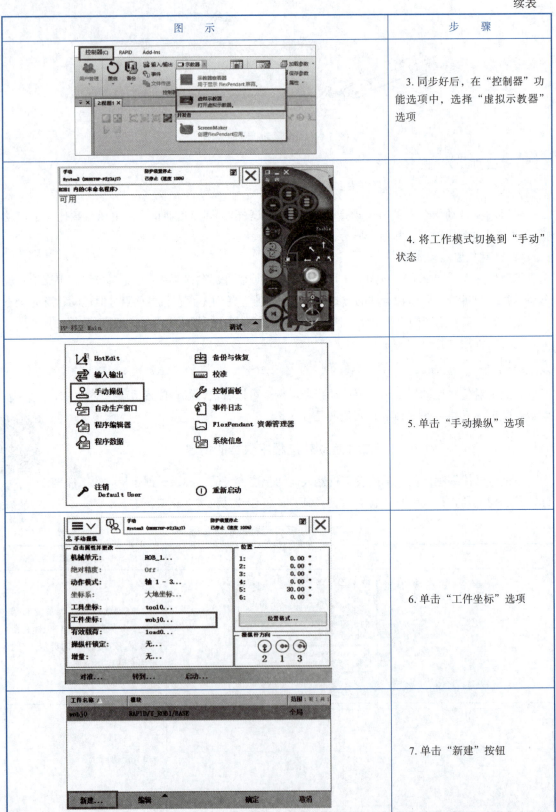	3. 同步好后，在"控制器"功能选项中，选择"虚拟示教器"选项
	4. 将工作模式切换到"手动"状态
	5. 单击"手动操纵"选项
	6. 单击"工件坐标"选项
	7. 单击"新建"按钮

续表

图示	步骤
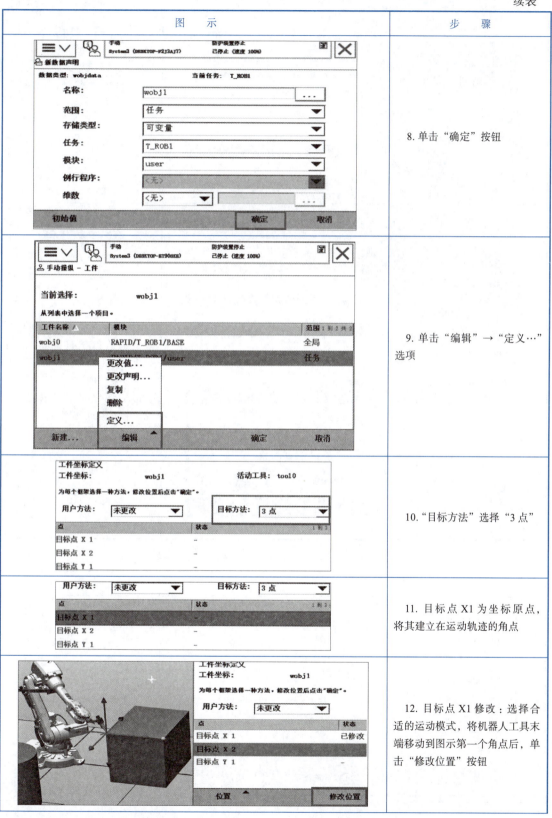	8. 单击"确定"按钮
	9. 单击"编辑"→"定义…"选项
	10. "目标方法"选择"3点"
	11. 目标点 X1 为坐标原点，将其建立在运动轨迹的角点
	12. 目标点 X1 修改：选择合适的运动模式，将机器人工具末端移动到图示第一个角点后，单击"修改位置"按钮

续表

图 示	步 骤
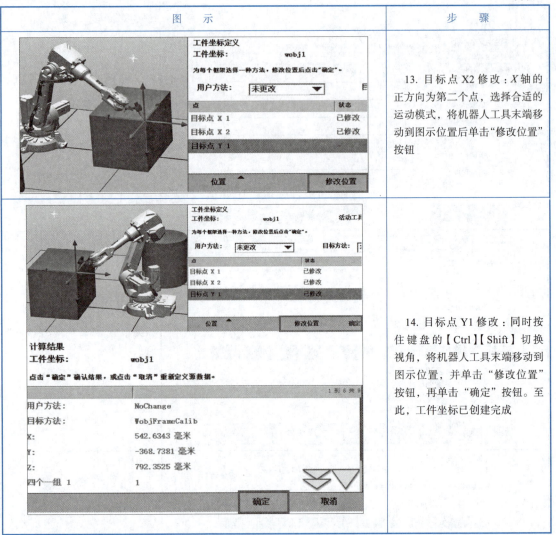	13. 目标点 X2 修改：X 轴的正方向为第二个点，选择合适的运动模式，将机器人工具末端移动到图示位置后单击"修改位置"按钮
	14. 目标点 Y1 修改：同时按住键盘的【Ctrl】【Shift】切换视角，将机器人工具末端移动到图示位置，并单击"修改位置"按钮，再单击"确定"按钮。至此，工件坐标已创建完成

表 3-7 机器人示教目标位置的创建步骤

图 示	步 骤
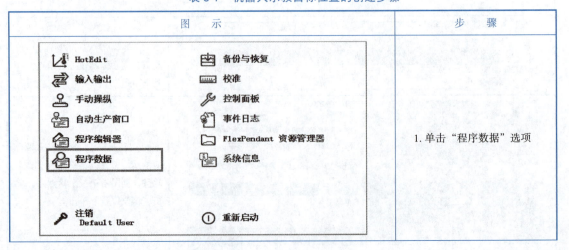	1. 单击"程序数据"选项

项目三 工业机器人运动轨迹的离线编程与仿真

续表

图 示	步 骤
	2. 选择右下角"视图"→"全部数据类型"选项,创建机器人的目标位置。目标位置的数据类型为"robtarget"。选择"robtarget"→"显示数据"选项
	3. 单击"新建"按钮
	4. 修改目标点名称为"phome"作为运动轨迹的等待位置,再单击"确定"按钮
	5. 除"phome"点外,还需定义三个目标位置(三角形运动轨迹三个角点)。重复上述步骤3、步骤4创建目标位置"p10"、"p20"和"p30"

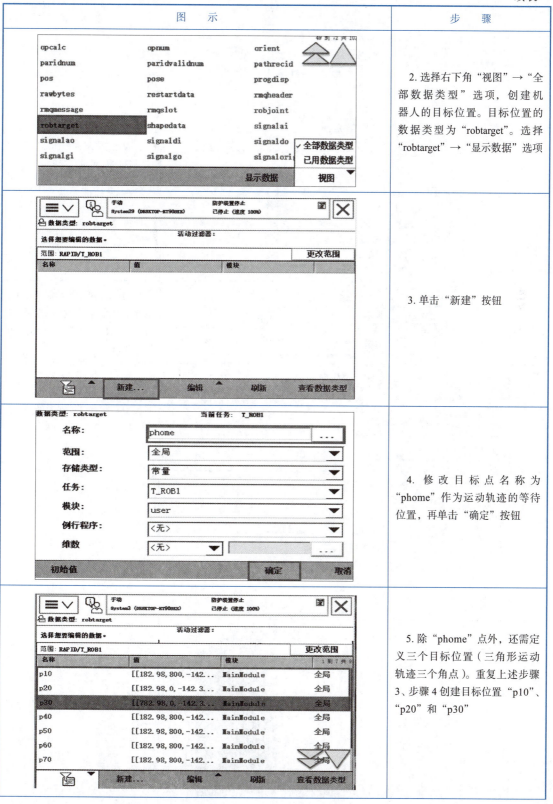

续表

图　　示	步　　骤
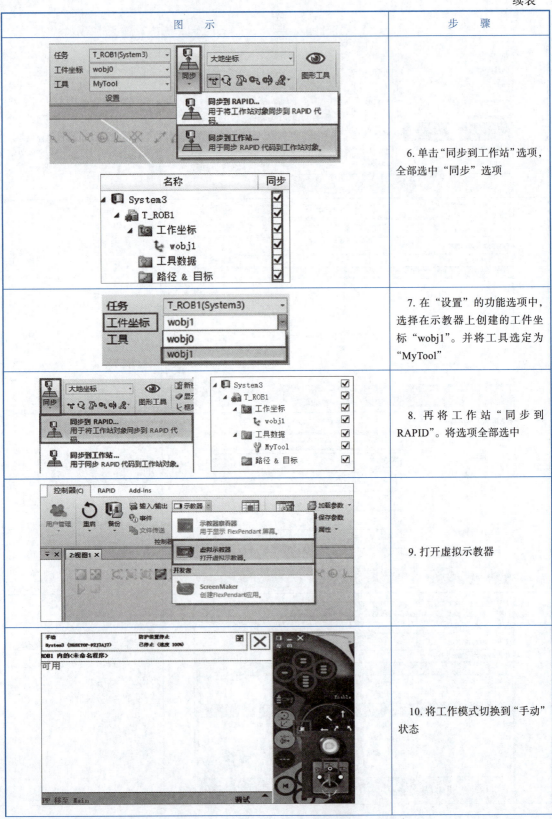	6. 单击"同步到工作站"选项，全部选中"同步"选项
	7. 在"设置"的功能选项中，选择在示教器上创建的工件坐标"wobj1"。并将工具选定为"MyTool"
	8. 再将工作站"同步到RAPID"。将选项全部选中
	9. 打开虚拟示教器
	10. 将工作模式切换到"手动"状态

续表

图　　示	步　　骤
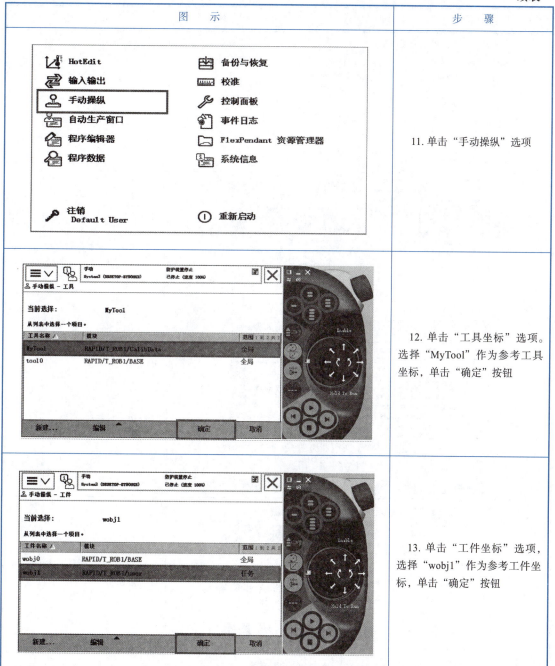	11. 单击"手动操纵"选项
	12. 单击"工具坐标"选项。选择"MyTool"作为参考工具坐标，单击"确定"按钮
	13. 单击"工件坐标"选项，选择"wobj1"作为参考工件坐标，单击"确定"按钮

子任务三　运动轨迹的虚拟示教编程

在创建好运动轨迹程序数据的基础上，可在虚拟示教器中对三角形运动轨迹程序进行编制。其具体实施步骤见表 3-8。

视　频

运动轨迹
程序编制

表 3-8　运动轨迹程序编制实施步骤

图　　示	步　　骤
	1. 单击"程序编辑器"选项
	2. 单击"添加指令"按钮，选择"MoveJ"关节运动
	3. 单击目标位置"*"
	4. 选择"phome"点。单击"确定"按钮
	5. 将转弯区的位置改为"fine"，单击"确定"按钮

项目三 工业机器人运动轨迹的离线编程与仿真

续表

图　　示	步　　骤
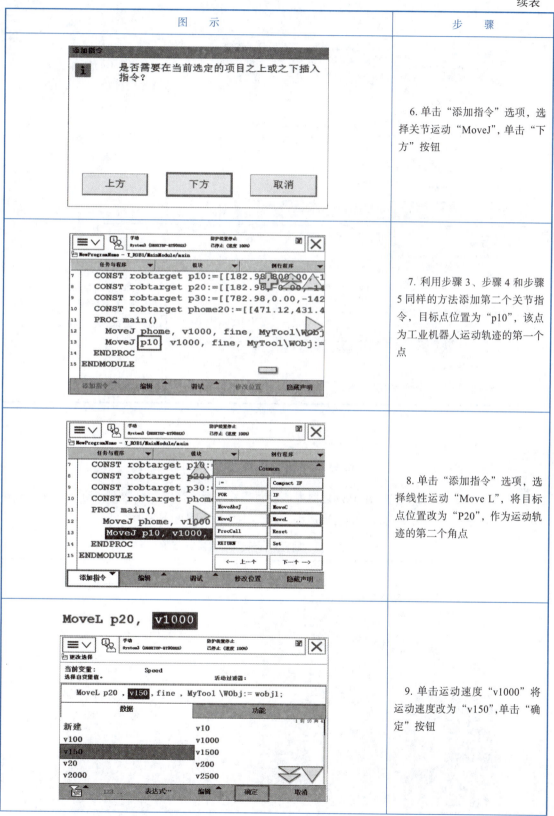	6. 单击"添加指令"选项，选择关节运动"MoveJ"，单击"下方"按钮
	7. 利用步骤3、步骤4和步骤5同样的方法添加第二个关节指令，目标点位置为"p10"，该点为工业机器人运动轨迹的第一个点
	8. 单击"添加指令"选项，选择线性运动"Move L"，将目标点位置改为"P20"，作为运动轨迹的第二个角点
	9. 单击运动速度"v1000"将运动速度改为"v150"，单击"确定"按钮

续表

图 示	步 骤
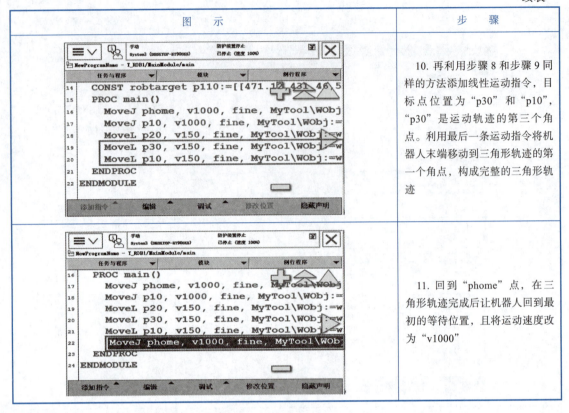	10. 再利用步骤8和步骤9同样的方法添加线性运动指令，目标点位置为"p30"和"p10"，"p30"是运动轨迹的第三个角点。利用最后一条运动指令将机器人末端移动到三角形轨迹的第一个角点，构成完整的三角形轨迹
	11. 回到"phome"点，在三角形轨迹完成后让机器人回到最初的等待位置，且将运动速度改为"v1000"

视 频

目标点示教及程序调试

子任务四　目标点的示教及仿真运行

在虚拟示教器中，编制好机器人运动轨迹程序后，还需对机器人运动的目标点位置进行示教，以实现机器人的精准运动。其具体实施步骤见表3-9。

表3-9　目标点示教及仿真实施步骤

图 示	步 骤
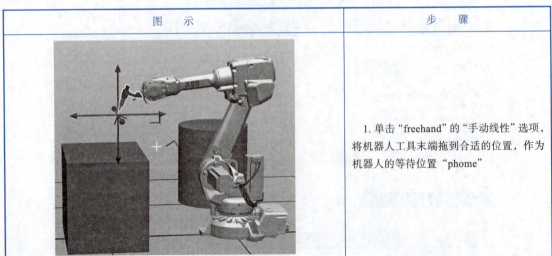	1. 单击"freehand"的"手动线性"选项，将机器人工具末端拖到合适的位置，作为机器人的等待位置"phome"

项目三 工业机器人运动轨迹的离线编程与仿真

续表

图　　示	步　　骤
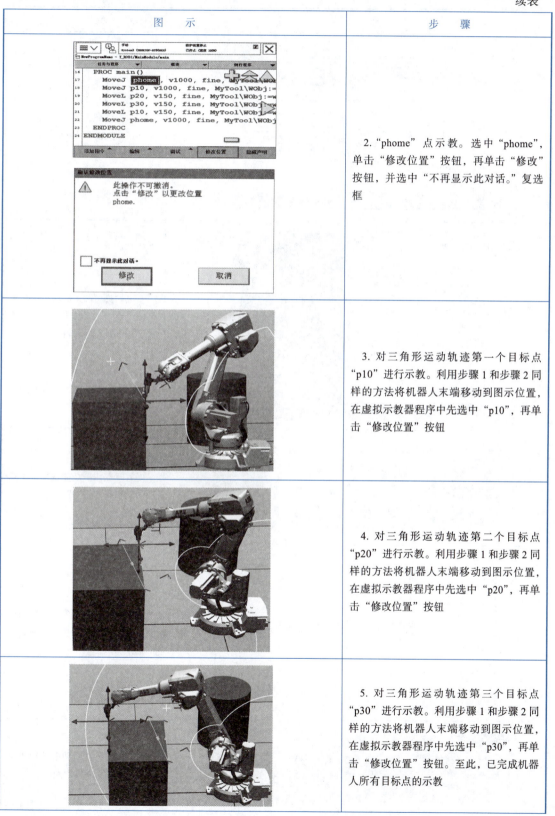	2. "phome"点示教。选中"phome"，单击"修改位置"按钮，再单击"修改"按钮，并选中"不再显示此对话。"复选框
	3. 对三角形运动轨迹第一个目标点"p10"进行示教。利用步骤1和步骤2同样的方法将机器人末端移动到图示位置，在虚拟示教器程序中先选中"p10"，再单击"修改位置"按钮
	4. 对三角形运动轨迹第二个目标点"p20"进行示教。利用步骤1和步骤2同样的方法将机器人末端移动到图示位置，在虚拟示教器程序中先选中"p20"，再单击"修改位置"按钮
	5. 对三角形运动轨迹第三个目标点"p30"进行示教。利用步骤1和步骤2同样的方法将机器人末端移动到图示位置，在虚拟示教器程序中先选中"p30"，再单击"修改位置"按钮。至此，已完成机器人所有目标点的示教

续表

图　示	步　骤
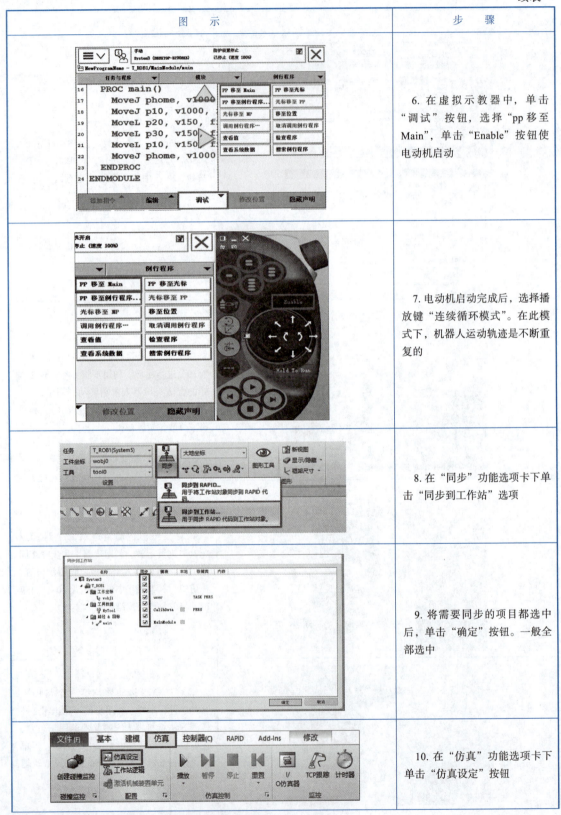	6. 在虚拟示教器中，单击"调试"按钮，选择"pp移至Main"，单击"Enable"按钮使电动机启动
	7. 电动机启动完成后，选择播放键"连续循环模式"。在此模式下，机器人运动轨迹是不断重复的
	8. 在"同步"功能选项卡下单击"同步到工作站"选项
	9. 将需要同步的项目都选中后，单击"确定"按钮。一般全部选中
	10. 在"仿真"功能选项卡下单击"仿真设定"按钮

续表

图 示	步 骤
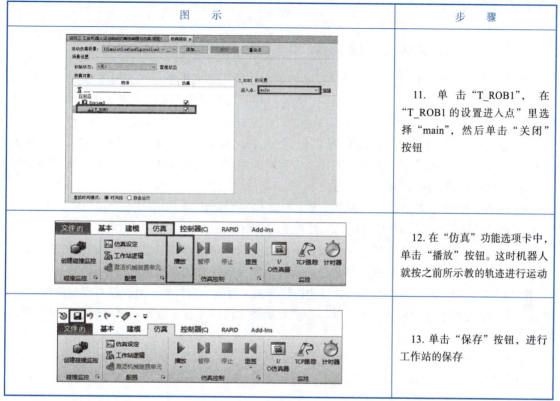	11. 单击"T_ROB1",在"T_ROB1的设置进入点"里选择"main",然后单击"关闭"按钮
	12. 在"仿真"功能选项卡中,单击"播放"按钮。这时机器人就按之前所示教的轨迹进行运动
	13. 单击"保存"按钮,进行工作站的保存

项目评价

本项目将从知识、技能和素养三个方面进行评价,其具体的评价指标参考表3-10。

表3-10 项目评价表

知识、技能和素养	评价指标	评价结果
知识方面(30%)	1. 了解工业机器人RAPID程序的基本架构; 2. 掌握工业机器人的常用程序数据; 3. 掌握工业机器人运动指令的应用	自我评价 □A □B □C 教师评价 □A □B □C
职业技能(50%)	1. 完成工业机器人系统的建模和布局; 2. 完成工业机器人运动轨迹的虚拟示教编程; 3. 完成工业机器人运动轨迹的虚拟示教调试与仿真	自我评价 □A □B □C 教师评价 □A □B □C
职业素养(20%)	1. 依托国家发展,厚植爱国情怀; 2. 养成"干一行、爱一行、精一行"的工匠精神; 3. 客观自我评价	自我评价 □A □B □C 教师评价 □A □B □C
学生签字:	指导教师签字:	年 月 日

课后阅读

工业机器人发展前景广阔,国际企业看好中国市场

2022年慕尼黑国际机器人及自动化技术博览会在德国慕尼黑举行。各国参展商普遍认为,由于自动化的发展趋势和持续的技术创新,汽车、电子和机械等行业对机器人的需求达到了很高的水平,工业机器人发展前景广阔。

在国际机器人及自动化技术博览会现场,英国 TM Robotics 公司执行董事奈杰尔·史密斯表示,该公司销售大量产品来满足中国制造业客户的需求。他说,目前亚洲市场,尤其是中国市场对于该公司及其合作伙伴非常重要。

德国伊斯拉视像设备制造公司客户经理比约恩·阿斯穆斯认为,伊斯拉在中国开设有分公司,中国市场对伊斯拉来说是一个巨大的、有发展空间的市场。

当谈及未来机器人的发展趋势时,德国博世力士乐公司销售与工程内部物流和机器人技术主管认为,一些工业和物流领域的客户目前很难为简单的任务(例如拣货)找到员工,这增加了对轻型机器人的需求。博世力士乐的智能拣货与人工智能一起协作,可在没有模型的情况下,理论上可识别无限数量的形状,相应地调整夹具运动方向,并独立接管路径规划,从而帮助以前的手动拣选站实现自动化。

此外,未来机器人发展趋势还包括无须防护罩可直接与人类一起工作的协作机器人,以及将这些协作机器人与自动移动机器人等移动驾驶系统相结合。客户可以灵活地部署它们,而无须在生产过程的不同点进行工程设计。

ABB 机器人中国公司总裁表示,工业机器人的应用将为中国制造业的转型和升级发挥重大作用。工业机器人的应用正从汽车工业向一般工业延伸,除了之前提到的金属加工、食品饮料、塑料橡胶、3C、医药等行业,机器人在风能、太阳能、交通运输、建筑材料、物流甚至废品处理等行业都可以大有作为。几大因素推动着机器人在一般制造工业领域的普及,其中最重要的是,机器人在保障稳定优质生产的同时能大幅提高生产效率,降低次品率;与此同时,机器人产品的性价比也在不断上升。机器人投入使用一方面加快了企业的投资回报速度,另一方面又能把员工从枯燥乏味的作业,较差的环境或需要精密操作的任务中解放出来,转而投入到更有成就感的工作岗位中。

新松公司总裁表示,当前全球机器人产业迎来升级换代、跨越发展的窗口期,新松公司要充分发挥机器人在产业升级中的赋能作用,持续面向国家重大需求和国民经济重点领域开展技术创新,向最关键处、紧迫处攻坚,为国家、为行业开发先进适用、易于推广的创新产品和系统解决方案,在汽车制造、半导体、新能源、电子制造等重点领域进一步纵深开拓,为推动中国制造高质量发展做出更大贡献。

新时达工业机器人业务副总经理认为,机器人国产化已是趋势,"国内机器人市场上,国产机器人占比从2017年的25%提升到2022年的近四成,国产机器人的比例将越来越高。"近年来,工业机器人的市场需求在增大,尤其是国内新能源汽车的快速发展,也带动了工业机器人的需求。除了造车厂的流水线,锂电行业扩建产线,电芯外壳焊接以及电芯测试、烘烤、组装都需要负载能力 50~350 kg 不等的工业机器人。

项目四

写字绘画机器人的离线编程与仿真

学习目标

1. 知识目标
（1）了解 ABB 机器人 I/O 通信的种类；
（2）掌握常用 ABB 标准 I/O 板的配置；
（3）掌握工业机器人 I/O 控制指令的应用。

2. 技能目标
（1）能够正确配置 ABB 机器人通信单元；
（2）能够创建数字输入输出信号并利用 I/O 控制指令进行编程；
（3）完成写字绘画机器人的离线编程与仿真。

3. 素养目标
（1）增强民族自豪感，加强科技报国理想信念；
（2）培养艰苦奋斗、甘为基石的奉献精神；
（3）培养良好沟通能力和客观自我评价的习惯。

项目导入

写字绘画机器人作为工业机器人典型的一个应用，是工业机器人学习中不可忽略的一个重要环节。在实际应用中，往往需要根据现场环境给定机器人控制信号，以控制机器人写字和绘画动作，在其完成后输出指示信号。那么，如何根据现场给定机器人控制信号以及输出指示信号，搭建写字绘画机器人仿真环境，最终实现工作站的仿真与优化？

本项目利用 RobotStudio 仿真软件的建模功能来搭建写字绘画机器人系统，以提高仿真验证的效率，其具体布局如图 4-1 所示。ABB 机器人标准 I/O 板的配置、数字输入输出信号的创建、其动作完成后机器人输出指示信号的设定，是本项目的重点内容。通过项目任务的实施，学生能够熟练应用工业机器人 RobotStudio 仿真软件建模功能创建相关的 3D 模型，能够正确配置 ABB 机器人通信单元，创建数字输入输出信号并利用 I/O 控制指令进行编程，实现工业机器人写字绘画的虚拟示教调试及仿真。

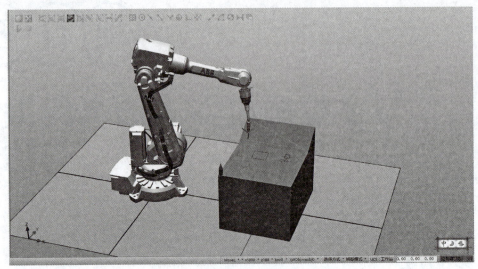

图 4-1　写字绘画机器人系统布局示意图

项目实现

任务一　写字绘画机器人通信单元的创建

在实际工作站中，机器人需要跟周围设备进行通信，对机器人通信单元进行有效配置是非常重要的一个环节。本任务以写字绘画机器人为例，重点介绍写字绘画机器人通信 I/O 板和输入输出信号的创建，为后续实现写字绘画机器人虚拟示教编程与仿真奠定基础。

子任务一　ABB 机器人 I/O 通信基础

（一）ABB 机器人 I/O 通信的类型

ABB 机器人提供了丰富的 I/O 通信接口，如 ABB 的标准通信，与 PLC 的现场总线通信，还有与 PC 的数据通信，见表 4-1，可以轻松地实现与周边设备的通信。

视　频

通信标准板的简介

表 4-1　ABB 机器人 I/O 通信类型

PC	现场总线	ABB 标准
RS-232 通信	Device Net	标准 I/O 板
OPC server	Profibus	PLC
Socket	Profibus-DP	…
Message	Profinet	…
	EtherNet/ IP	…

关于 ABB 机器人的 I/O 通信接口的说明：

（1）ABB 的标准 I/O 板提供的常用信号处理有数字输入 di、数字输出 do、模拟输入 ai、模拟输出 ao 以及输送链跟踪。

（2）ABB 机器人可以选配标准 ABB 的 PLC，省去了原来与外部 PLC 进行通信设置的麻烦，并且在机器人示教器上就能实现与 PLC 相关的操作。

（3）在任务中，以最常用的 ABB 标准 I/O 板 DSQC652 为例，对于如何进行配置和相关的参数设定进行了详细地介绍。

（二）ABB 机器人标准 I/O 板简介

常用的 ABB 标准 I/O 板（具体规格参数以 ABB 官方最新公布为准）见表 4-2。

表 4-2　常用的 ABB 标准 I/O 板

型号	说明
DSQC 651	分布式 I/O 模块 di8\do8 ao2
DSQC 652	分布式 I/O 模块 di16\do16
DSQC 653	分布式 I/O 模块 di8\do8 带继电器
DSQC 355A	分布式 I/O 模块 ai4\ao4
DSQC 377A	输送链跟踪单元

1．ABB 标准 I/O 板 DSQC651

DSQC651 板主要提供 8 个数字输入信号、8 个数字输出信号和 2 个模拟输出信号的处理。其具体模块接口说明如图 4-2 所示，接口连接说明见表 4-3 至表 4-6。

（1）模块接口说明

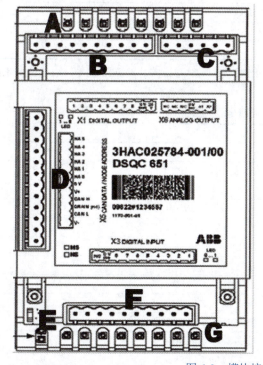

标号	说明
A	数字输出信号指示灯
B	X1 数字输出接口
C	X6 模拟输出接口
D	X5 是 DeviceNet 接口
E	模块状态指示灯
F	X3 数字输入接口
G	数字输入信号指示灯

图 4-2　模块接口示意图及其说明

（2）模块接口连接说明

表 4-3　X1 数字输出接口连接

X1 端子编号	使用定义	地址分配
1	OUTPUT CH1	0
2	OUTPUT CH2	1
3	OUTPUT CH3	2
4	OUTPUT CH4	3
5	OUTPUT CH5	4
6	OUTPUT CH6	5
7	OUTPUT CH7	6
8	OUTPUT CH8	7
9	0 V	
10	24 V	

表 4-4　X3 数字输入接口连接

X3 端子编号	使用定义	地址分配
1	INPUT CH1	0
2	INPUT CH2	1
3	INPUT CH3	2
4	INPUT CH4	3
5	INPUT CH5	4
6	INPUT CH6	5
7	INPUT CH7	6
8	INPUT CH8	7
9	0 V	
10	未使用	

* ABB 标准 I/O 板是挂在 DeviceNet 网络上的，所以要设定模块在网络中的地址。端子 X5 的 6 ~ 12 的跳线用来决定模块的地址，地址可用范围在 10 ~ 63

表 4-5　X5 DeviceNet 接口连接

X5 端子编号	使用定义
1	0 V BLACK
2	CAN 信号线 low BLUE
3	屏蔽线
4	CAN 信号线 high WHILE
5	24 V RED
6	GND 地址选择公共端
7	模块 ID bit 0（LSB）
8	模块 ID bit 1（LSB）
9	模块 ID bit 2（LSB）
10	模块 ID bit 3（LSB）
11	模块 ID bit 4（LSB）
12	模块 ID bit 5（LSB）

注：BLACK 黑色，BLUE 蓝色，WHILE 白色，RED 红色

如图 4-3 所示，将第 8 脚和第 10 脚的跳线剪去，2+8=10 就可以获得 10 的地址。

项目四 写字绘画机器人的离线编程与仿真

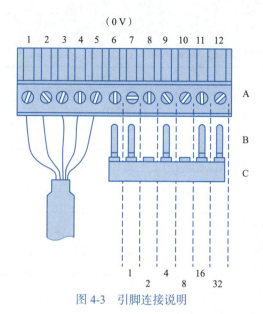

表 4-6 X6 模拟输出接口连接

X6 端子编号	使用定义	地址分配
1	未使用	
2	未使用	
3	未使用	
4	0V	
5	模拟输出 ao1	0 ~ 15
6	模拟输出 ao2	16 ~ 31

* 模拟输出的范围：0 ~ +10 V

图 4-3 引脚连接说明

2．ABB 标准 I/O 板 DSQC652

DSQC652 板主要提供 16 个数字输入信号和 16 个数字输出信号的处理。其具体模块接口说明如图 4-4 所示，接口连接说明见表 4-7 至表 4-9。

（1）模块接口说明

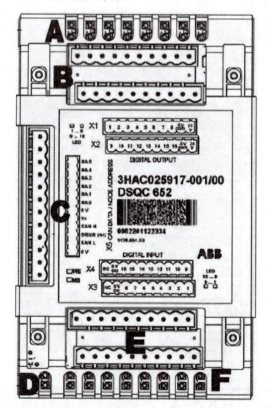

标号	说明
A	数字输出信号指示灯
B	X1、X2 数字输出接口
C	X5 DeviceNet 接口
D	模块状态指示灯
E	X3、X4 数字输入接口
F	数字输入信号指示灯

图 4-4 模块接口示意图及其说明

（2）模块接口连接说明

表 4-7　X1 数字输出接口连接

X1 端子编号	使用定义	地址分配
1	OUTPUT CH1	0
2	OUTPUT CH2	1
3	OUTPUT CH3	2
4	OUTPUT CH4	3
5	OUTPUT CH5	4
6	OUTPUT CH6	5
7	OUTPUT CH7	6
8	OUTPUT CH8	7
9	0 V	
10	24 V	

表 4-8　X2 数字输出接口连接

X2 端子编号	使用定义	地址分配
1	OUTPUT CH9	8
2	OUTPUT CH10	9
3	OUTPUT CH11	10
4	OUTPUT CH12	11
5	OUTPUT CH13	12
6	OUTPUT CH14	13
7	OUTPUT CH15	14
8	OUTPUT CH16	15
9	0 V	
10	24 V	

表 4-9　X4 数字输入接口连接

X4 端子编号	使用定义	地址分配
1	INPUT CH9	8
2	INPUT CH10	9
3	INPUT CH11	10
4	INPUT CH12	11
5	INPUT CH13	12
6	INPUT CH14	13
7	INPUT CH15	14
8	INPUT CH16	15
9	0 V	
10	24 V	

ABB 标准 I/O 板 DSQC652 板中，其 X5 DeviceNet 接口、X3 数字输入接口连接说明均与 DSQC651 板相同。

3．ABB 标准 I/O 板 DSQC653

DSQC653 板主要提供 8 个数字输入信号和 8 个数字继电器输出信号的处理。其具体模块接口说明如图 4-5 所示，接口连接说明见表 4-10 和表 4-11。

（1）模块接口说明

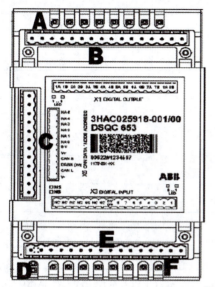

标号	说明
A	数字继电器输出信号指示灯
B	X1 数字继电器输出信号接口
C	X5 DeviceNet 接口
D	模板状态指示灯
E	X3 数字输入信号接口
F	数字输入信号指示灯

图 4-5　模块接口示意图及其说明

（2）模块接口连接说明

表 4-10　X1 数字继电器输出信号接口

X1 端子编号	使用定义	地址分配
1	OUTPUT CH1A	0
2	OUTPUT CH1B	
3	OUTPUT CH2A	1
4	OUTPUT CH2B	
5	OUTPUT CH3A	2
6	OUTPUT CH3B	
7	OUTPUT CH4A	3
8	OUTPUT CH4B	
9	OUTPUT CH5A	4
10	OUTPUT CH5B	
11	OUTPUT CH6A	5
12	OUTPUT CH6B	
13	OUTPUT CH7A	6
14	OUTPUT CH7B	
15	OUTPUT CH8A	7
16	OUTPUT CH8B	

表 4-11　X3 数字输入信号接口

X3 端子编号	使用定义	地址分配
1	INPUT CH1	0
2	INPUT CH2	1
3	INPUT CH3	2
4	INPUT CH4	3
5	INPUT CH5	4
6	INPUT CH6	5
7	INPUT CH7	6
8	INPUT CH8	7
9	0 V	
10～16	未使用	

此外，ABB 标准 I/O 板 DSQC652 板的 X5 DeviceNet 接口连接说明与 DQSC651 板相同。

4．ABB 标准 I/O 板 DSQC355A

DSQC355A 板主要提供 4 个模拟输入信号和 4 个模拟输出信号的处理。其具体模块接口说明如图 4-6 所示，接口连接说明见表 4-12 至表 4-14。

（1）模块接口说明

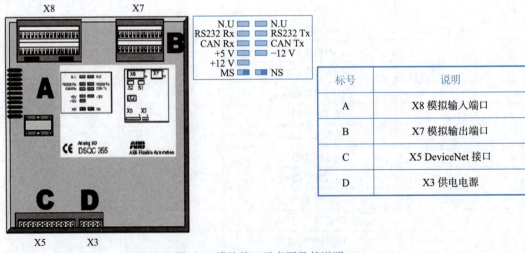

标号	说明
A	X8 模拟输入端口
B	X7 模拟输出端口
C	X5 DeviceNet 接口
D	X3 供电电源

图 4-6　模块接口示意图及其说明

（2）模块接口连接说明

表 4-12　X3 供电电源接口

X3 端子编号	使用定义
1	0 V
2	未使用
3	接地
4	未使用
5	+24 V

此外,ABB 标准 I/O 板 DSQC355A 板的 X5 DeviceNet 接口连接说明与 DQSC651 板相同。

表 4-13　X7 模拟输出端口

X7 端子编号	使用定义	地址分配
1	模拟输出_1,−10 V/+10 V	0 ~ 15
2	模拟输出_2,−10 V/+10 V	16 ~ 31
3	模拟输出_3,−10 V/+10 V	32 ~ 47
4	模拟输出_4,4 ~ 20 mA	48 ~ 63
5 ~ 18	未使用	
19	模拟输出_1,0 V	
20	模拟输出_2,0 V	
21	模拟输出_3,0 V	
22	模拟输出_4,0 V	
23 ~ 24	未使用	

表 4-14　X8 模拟输入端口

X8 端子编号	使用定义	地址分配
1	模拟输入_1,−10 V/+10 V	0 ~ 15
2	模拟输入_2,−10 V/+10 V	16 ~ 31
3	模拟输入_3,−10 V/+10 V	32 ~ 47
4	模拟输入_4,−10 V/+10 V	48 ~ 63
5 ~ 16	未使用	
17 ~ 24	+24 V	
25	模拟输入_1,0 V	
26	模拟输入_2,0 V	
27	模拟输入_3,0 V	
28	模拟输入_4,0 V	
29 ~ 32	0 V	

5．ABB 标准 I/O 板 DSQC377A

DSQC377A 板主要提供机器人输送链跟踪功能所需的编码器与同步开关信号的处理。其具体模块接口说明如图 4-7 所示,接口连接说明见表 4-15。

(1)模块接口说明

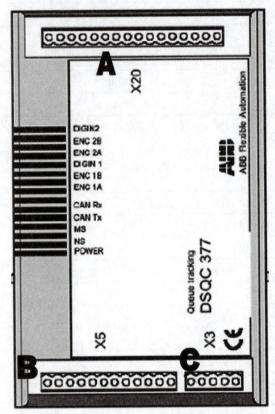

标号	说明
A	X20 编码器与同步开关的端子
B	X5 DeviceNet 接口
C	X3 供电电源

图 4-7　模块接口示意图以及说明

(2)模块接口连接说明

表 4-15　X20 编码器与同步开关端子

X20 端子编号	使用定义	X20 端子编号	使用定义
1	24 V	6	编码器 1,B 相
2	0 V	7	数字输入信号 1,24 V
3	编码器 1,24 V	8	数字输入信号 1,0 V
4	编码器 1,0 V	9	数字输入信号 1,信号
5	编码器 1,A 相	10～16	未使用

此外,ABB 标准 I/O 板 DSQC377A 板的 X3 供电电源模块连接接口说明与 DSQC355A 板相同,而 X5 DeviceNet 接口连接说明与 DQSC651 板相同。

(三)ABB 机器人标准 I/O 板的配置

ABB 标准 I/O 板都是下挂在 DeviceNet 现场总线下的设备,通过 X5 端口与 DeviceNet 现场总线进行通信。ABB 常用标准 I/O 板除分配地址不同外,其配置方法基本相同。ABB 标准 I/O 板 DSQC652 是最为常用的模块,其相关参数配置见表 4-16。

表 4-16　DSQC652 板总线连接的相关参数说明

参数名称	设定值	说明
DeviceNet Device		设定 DeviceNet 总线连接单元
Name	D652	设定 I/O 板在系统中的名字
Address	10	设定 I/O 板在总线中的地址

此外，ABB 标准 I/O 板 DSQC652 配置的其他主要参数包括：（1）将 Product Code 设置为 26；（2）将 Device Type 设置为 7；（3）将 Connection Output Size 和 Connection Input Size 设置为 2。ABB 标准 I/O 板 DSQC652 总线连接的具体设置方法后续将给出详细实施步骤。

ABB 常用标准 I/O 板数字输入输出信号配置的相关参数见表 4-17 和表 4-18。

表 4-17　数字输入信号配置的相关参数

参数名称	设定值	说明
Name	di1	设定数字输入信号的名字
Type of Signal	Digital Input	设定信号的类型
Assigned to Device	D652	设定信号所在的 I/O 模块
Device Mapping	0	设定信号所占用的地址

表 4-18　数字输出信号配置的相关参数

参数名称	设定值	说明
Name	do1	设定数字输出信号的名字
Type of Signal	Digital Output	设定信号的类型
Assigned to Device	D652	设定信号所在的 I/O 模块
Device Mapping	0	设定信号所占用的地址

子任务二　写字绘画机器人通信 I/O 板的创建

ABB 标准 I/O 板 DSQC652 是应用最为广泛的标准 I/O 板之一。以其为例，在写字绘画机器人中创建通信 I/O 板的具体实施步骤见表 4-19。

视　频

创建输入输出单元

表 4-19　创建通信 I/O 板的实施步骤

图示	步骤
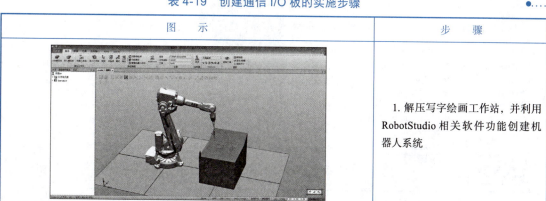	1. 解压写字绘画工作站，并利用 RobotStudio 相关软件功能创建机器人系统

续表

图 示	步 骤
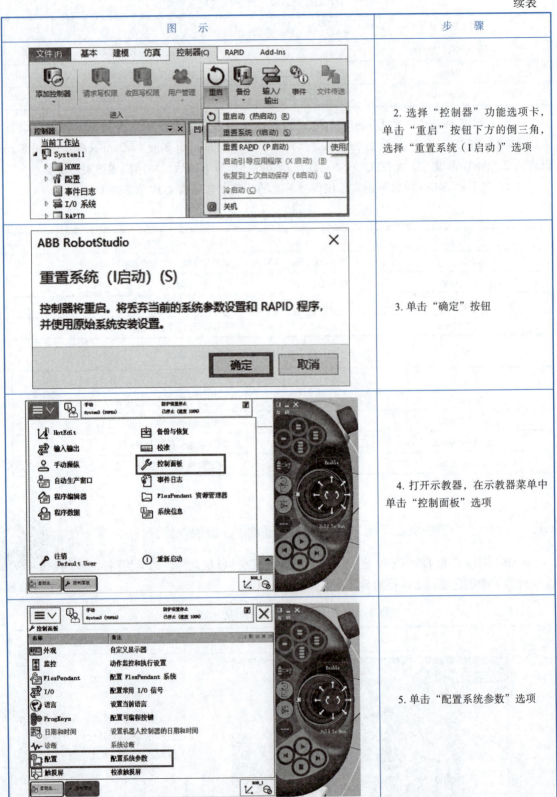	2. 选择"控制器"功能选项卡，单击"重启"按钮下方的倒三角，选择"重置系统（I启动）"选项
	3. 单击"确定"按钮
	4. 打开示教器，在示教器菜单中单击"控制面板"选项
	5. 单击"配置系统参数"选项

续表

图　示	步　骤
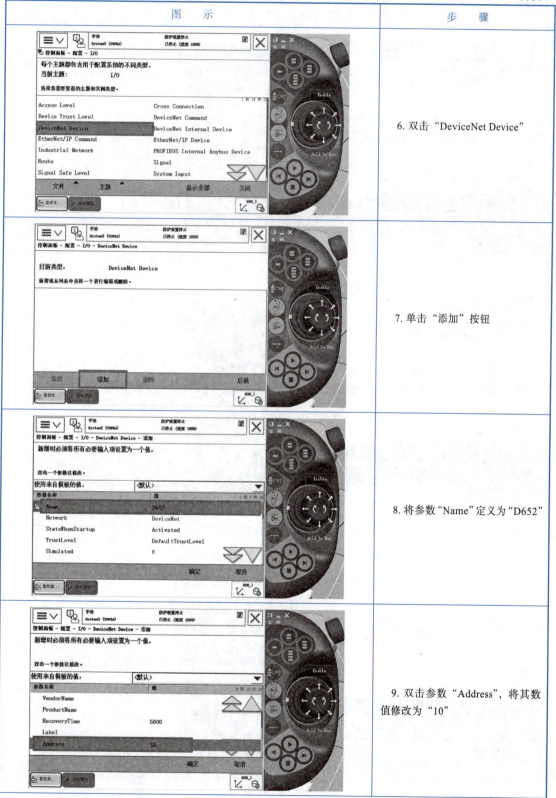	6. 双击"DeviceNet Device"
	7. 单击"添加"按钮
	8. 将参数"Name"定义为"D652"
	9. 双击参数"Address",将其数值修改为"10"

续表

图 示	步 骤
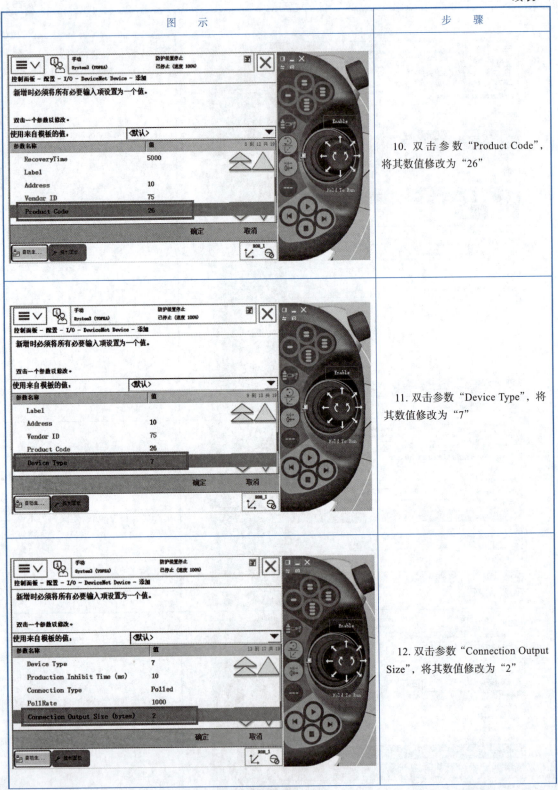	10. 双击参数"Product Code",将其数值修改为"26"
	11. 双击参数"Device Type",将其数值修改为"7"
	12. 双击参数"Connection Output Size",将其数值修改为"2"

项目四 写字绘画机器人的离线编程与仿真

续表

图　　示	步　　骤
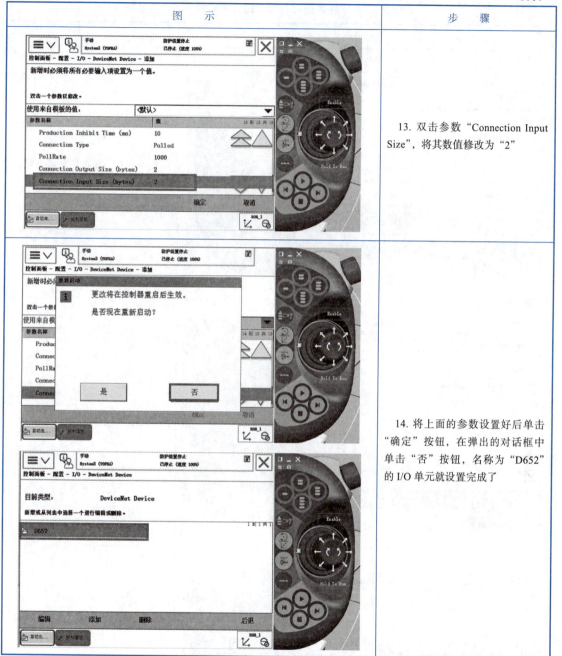	13. 双击参数"Connection Input Size"，将其数值修改为"2"
	14. 将上面的参数设置好后单击"确定"按钮，在弹出的对话框中单击"否"按钮，名称为"D652"的 I/O 单元就设置完成了

子任务三　写字绘画机器人输入输出信号的创建

在创建了名称为"D652"的 ABB 标准 I/O 板的基础上，根据表 3-4 和表 3-5 相关参数配置说明在该 I/O 板中创建对应的数字输入信号 di1 和数字输出信号 do1，具体实施步骤见表 4-20。

视　频

创建输入输出信号重启

91

表4-20 数字输入信号和数字输出信号的创建实施步骤

图 示	步 骤
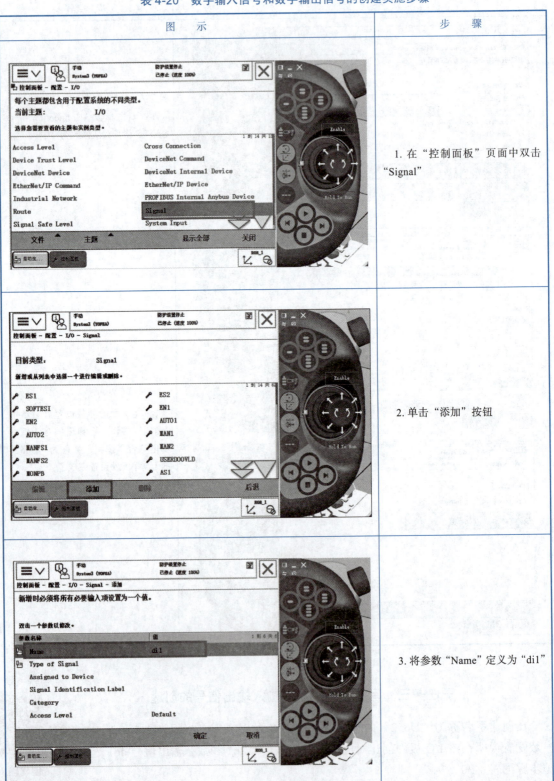	1. 在"控制面板"页面中双击"Signal"
	2. 单击"添加"按钮
	3. 将参数"Name"定义为"di1"

续表

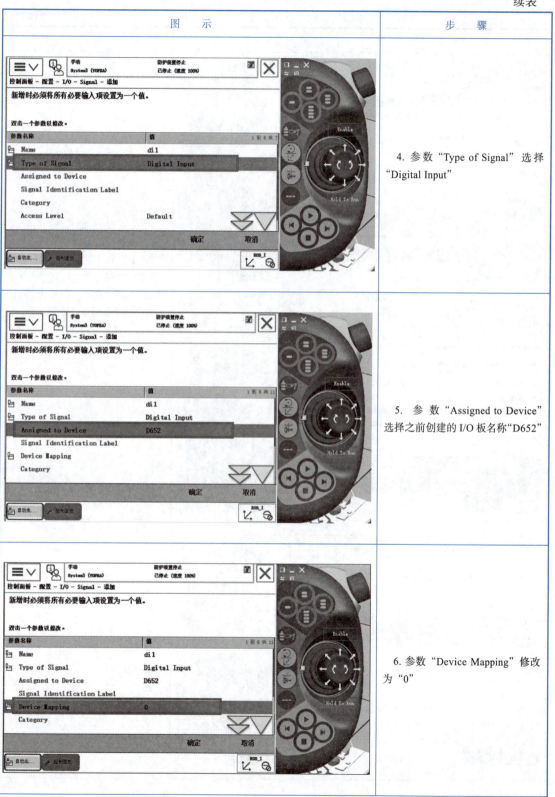

图　示	步　骤
	4. 参数"Type of Signal"选择"Digital Input"
	5. 参数"Assigned to Device"选择之前创建的 I/O 板名称"D652"
	6. 参数"Device Mapping"修改为"0"

图 示	步 骤
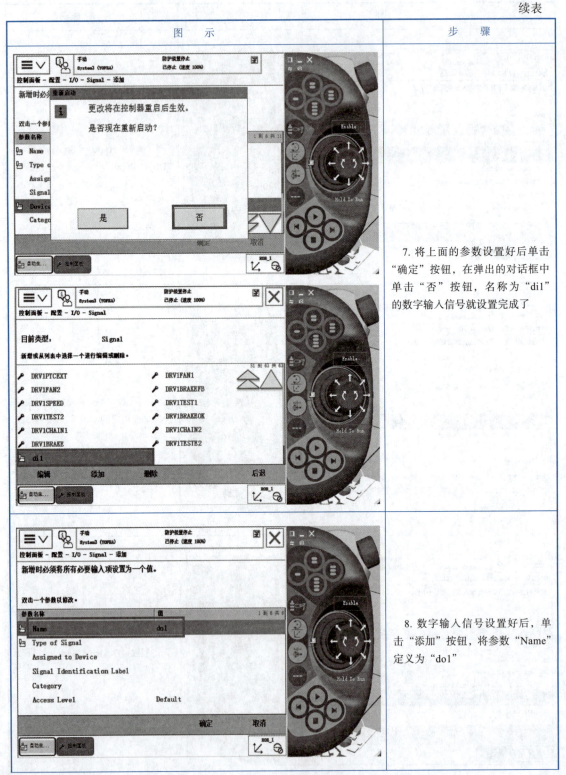	7. 将上面的参数设置好后单击"确定"按钮,在弹出的对话框中单击"否"按钮,名称为"di1"的数字输入信号就设置完成了
	8. 数字输入信号设置好后,单击"添加"按钮,将参数"Name"定义为"do1"

续表

图 示	步 骤
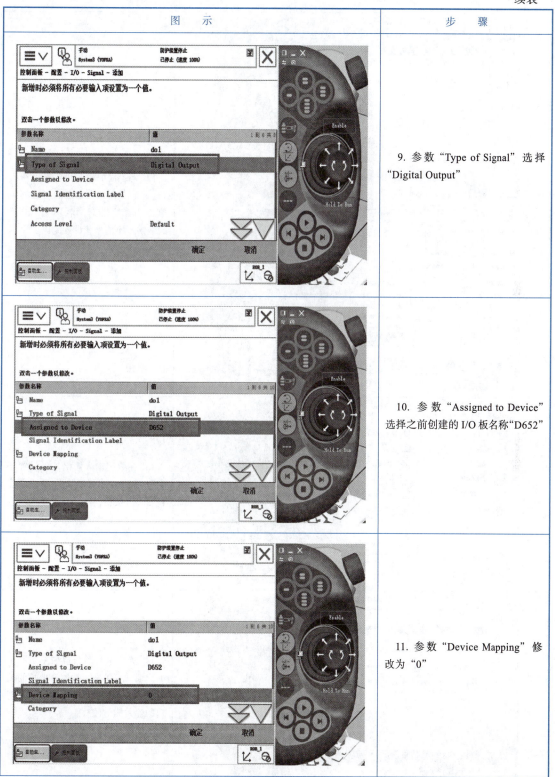	9. 参数"Type of Signal"选择"Digital Output" 10. 参数"Assigned to Device"选择之前创建的 I/O 板名称"D652" 11. 参数"Device Mapping"修改为"0"

续表

图 示	步 骤
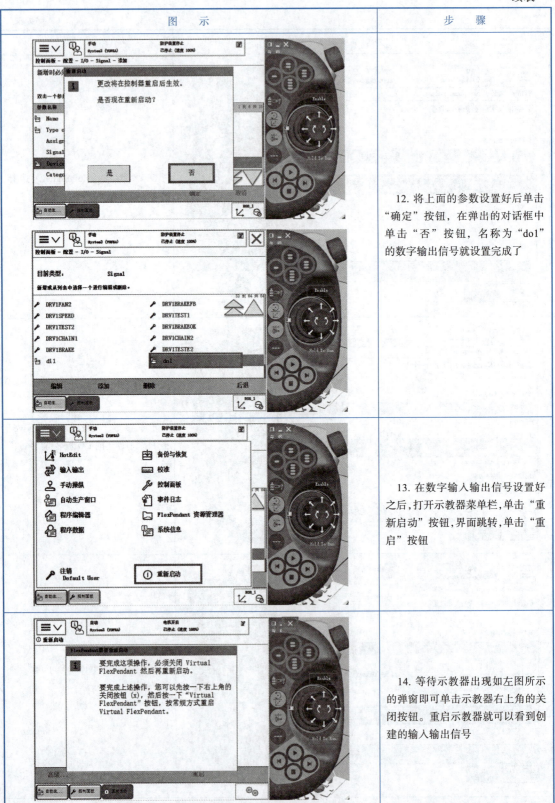	12. 将上面的参数设置好后单击"确定"按钮,在弹出的对话框中单击"否"按钮,名称为"do1"的数字输出信号就设置完成了
	13. 在数字输入输出信号设置好之后,打开示教器菜单栏,单击"重新启动"按钮,界面跳转,单击"重启"按钮
	14. 等待示教器出现如左图所示的弹窗即可单击示教器右上角的关闭按钮。重启示教器就可以看到创建的输入输出信号

任务二 写字绘画机器人的虚拟示教编程与仿真

在创建好写字绘画机器人通信 I/O 板和输入输出信号的基础上,接下来将利用 I/O 控制指令对写字绘画机器人动作开关信号进行控制及输出。在写字绘画机器人的程序设计过程中,需要设置对应的开关信号,再利用虚拟示教器进行仿真。

视 频
工业机器人的 IO 控制指令

子任务一 ABB 机器人的 I/O 控制指令简介

I/O 控制指令用于控制 I/O 信号,以实现机器人与其周边设备进行通信的目的。常用的 I/O 控制指令及其作用见表 4-21。

表 4-21 常用的 I/O 控制指令及其作用

指 令	作 用
数字信号置位指令 Set	该指令用于将数字输出信号置于"1"位,从而使对应的执行器开始工作
数字信号复位指令 Reset	该指令用于将数字输出信号置于"0"位
数字输入信号判断指令 WaitDI	该指令用于判断数字输入信号的值是否与目标值一致
数字输出信号判断指令 WaitDO	该指令用于判断数字输出信号的值是否与目标值一致
时间等待指令 WaitTime	该指令用于程序在等待一个指定的时间后,再继续向下执行

图 4-8 I/O 控制指令示例

如图 4-8 所示 I/O 控制指令示例,对于各个 I/O 控制指令程序的说明如下:
(1) Set do1;用于将数字输出 do1 置位为"1"。
(2) Reset do1;用于将数字输出 do1 置位为"0"。

（3）WatDI di1，1；在程序执行此指令时，等待 di1 的值为 1。如果 di1 为 1，则程序继续往下执行；如果达到最大等待时间 300 s 后，di1 的值还不为 1，则机器人报警或进入出错处理程序。

（4）WatDI do1，1；在程序执行此指令时，等待 do1 的值为 1。如果 do1 为 1，则程序继续往下执行；如果达到最大等待时间 300 s 以后，do1 的值还不为 1，则机器人报警或进入出错处理程序。

（5）WaitTime 4；在程序执行此指令时，等待时间为 4 s 以后，再继续向下执行。

子任务二　写字绘画机器人开关信号的编制

● 视　频
输入输出信号设置及仿真

在写字绘画机器人系统中，通过外围开关设备的信号或传感器的有效信号控制机器人的工作流程。在写字绘画机器人的程序设计过程中，需要设置对应的开关信号。下面以数字输入信号 di1 控制写字绘画机器人的开关，仍以简单的三角形轨迹作为写字绘画机器人实际绘画的形状。写字绘画机器人完成绘画任务后，输出指示灯亮（对应数字输出信号 do1）。其具体实施步骤见表 4-22。

表 4-22　开关信号的编制实施步骤

图　示	步　骤
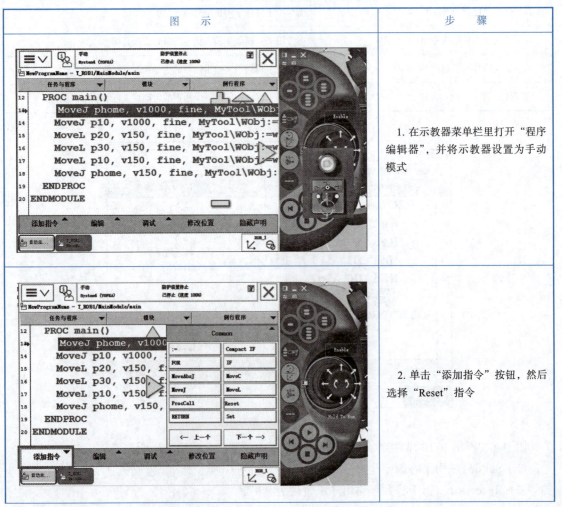	1. 在示教器菜单栏里打开"程序编辑器"，并将示教器设置为手动模式
	2. 单击"添加指令"按钮，然后选择"Reset"指令

续表

图 示	步 骤
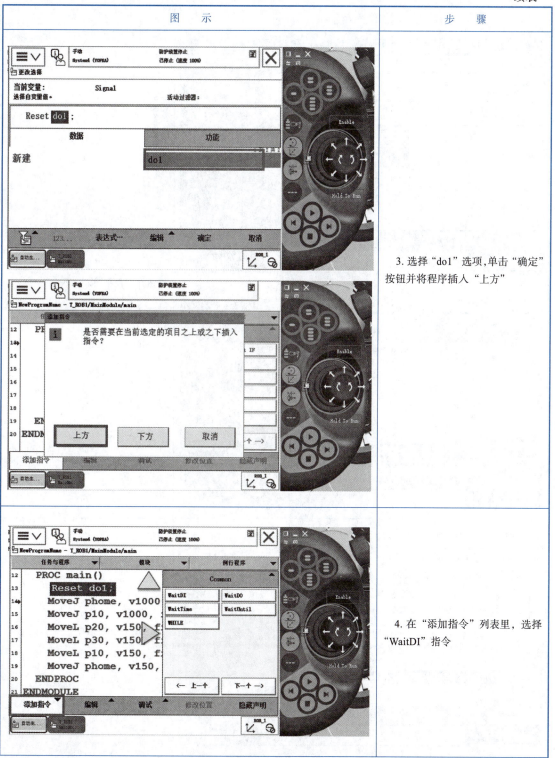	3. 选择"do1"选项,单击"确定"按钮并将程序插入"上方" 4. 在"添加指令"列表里,选择"WaitDI"指令

续表

图 示	步 骤
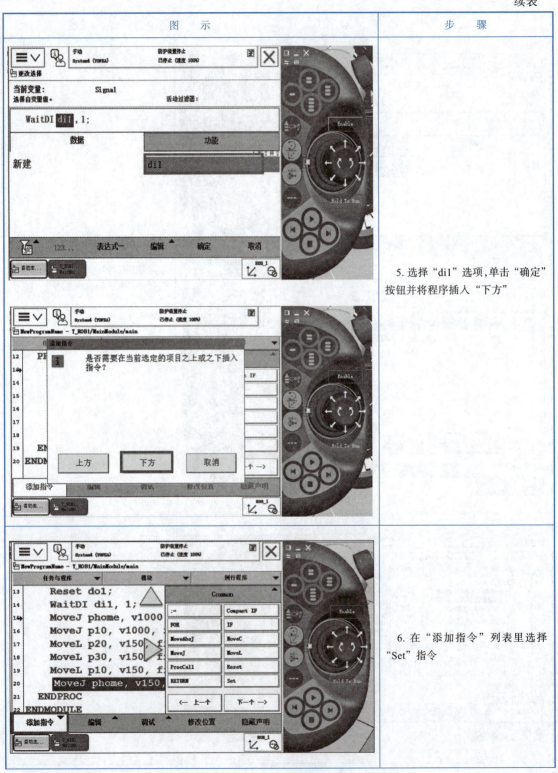	5. 选择"di1"选项,单击"确定"按钮并将程序插入"下方" 6. 在"添加指令"列表里选择"Set"指令

续表

图　　示	步　　骤
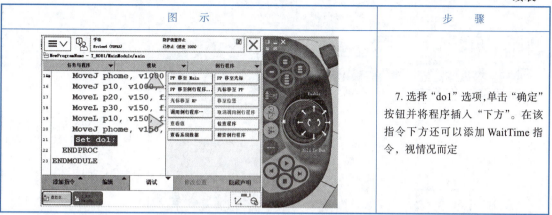	7. 选择"do1"选项，单击"确定"按钮并将程序插入"下方"。在该指令下方还可以添加 WaitTime 指令，视情况而定

子任务三　写字绘画机器人开关信号的仿真

在写字绘画机器人系统中，开关信号 di1 的仿真有两种方法：一是在程序调试过程中通过仿真指令实现；二是通过输入输出信号的视图中选中对应信号进行仿真。其具体实施步骤见表 4-23 和表 4-24。

表 4-23　仿真指令调试实施步骤

图　　示	步　　骤
	1. 单击"调试"按钮，再选中"PP 移至 Main"，对程序进行调试
	2. 单击"Enable"按钮使字体变绿，再单击示教器上的播放按键进行调试

续表

图示	步骤
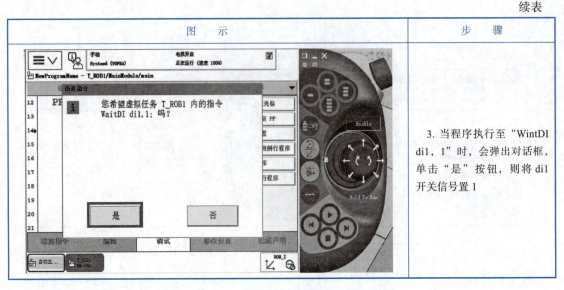	3. 当程序执行至"WintDI di1,1"时，会弹出对话框，单击"是"按钮，则将di1开关信号置1

表 4-24　输入输出视图仿真实施步骤

图示	步骤
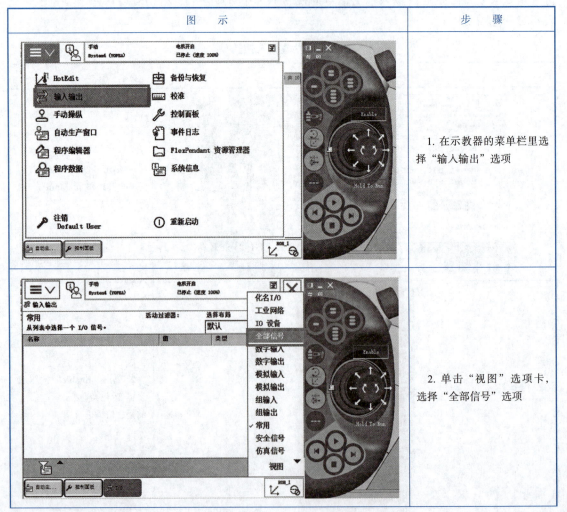	1. 在示教器的菜单栏里选择"输入输出"选项
	2. 单击"视图"选项卡，选择"全部信号"选项

项目四　写字绘画机器人的离线编程与仿真

续表

图　　示	步　　骤
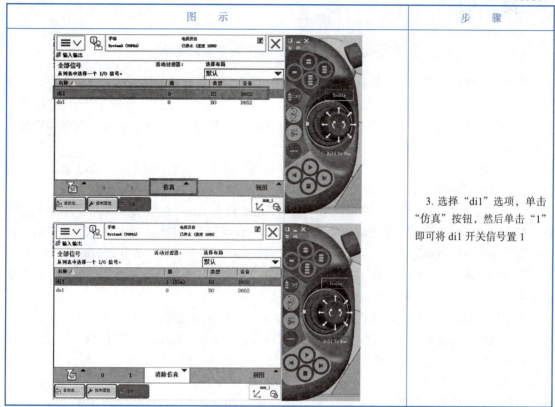	3. 选择"di1"选项，单击"仿真"按钮，然后单击"1"即可将 di1 开关信号置 1

项目评价

本项目将从知识、技能和素养三个方面进行评价，其具体的评价指标参考表 4-25。

表 4-25　项目评价表

知识、技能和素养	评价指标	评价结果
知识方面（30%）	1. 了解 ABB 机器人通信基础； 2. 掌握 ABB 机器人的通信设置方法； 3. 掌握工业机器人 I/O 控制指令的应用	自我评价 □ A　□ B　□ C 教师评价 □ A　□ B　□ C
职业技能（50%）	1. 正确配置写字绘画机器人通信板； 2. 独立创建数字输入输出信号并利用 I/O 控制指令进行编程； 3. 完成 ABB 机器人写字绘画的虚拟示教调试与仿真	自我评价 □ A　□ B　□ C 教师评价 □ A　□ B　□ C
职业素养(20%)	1. 增强民族自豪感，加强科技报国理想信念； 2. 培养艰苦奋斗、甘为基石的奉献精神； 3. 客观自我评价	自我评价 □ A　□ B　□ C 教师评价 □ A　□ B　□ C

学生签字：　　　　　　指导教师签字：　　　　　　年　月　日

中国机器人科研事业的开拓者与奠基者

来自科研院所的劳模——蒋新松院士,他是中国机器人科研事业的开拓者,被人誉为"中国机器人之父"。他在多种机器人的研究、开发、工程应用及产业化方面作出了开创性的贡献;他创建了国家机器人技术研究开发工程中心和中国科学院机器人学开放实验室,为我国机器人学研究及机器人技术工程化建立了基地。

凡与蒋新松打过交道、有所接触、对他有不同意见甚至曾受他批评的人,都由衷地认可和佩服他的勤奋和坚持。

1965年至1976年,蒋新松在逆境中,主导完成了鞍钢1200可逆冷轧机数字式准确停车装置、复合张力系统和自适应厚度调节装置三项大型工程项目。曾和他一起在鞍钢工作过的科研人员说,老蒋的勤奋是超乎寻常的。早晨不到五点就起床,看书、设计或修改图纸,白天安装、试验、讨论,晚上坐在床上,嘴上叼着铅笔,看书、啃资料,不过十点不休息。这样坚持了整整十年,啃下了鞍钢冷轧机技术改造这块硬骨头!

蒋新松的勤奋,不仅仅体现在学习与思考方面,他要调查规划、安排人力、保障条件、检查落实,几乎从来没有闲着的时候。这不是一天两天,几乎是天天如此,年年如此!

蒋新松的人生轨迹,就是在一个既定目标下学习、思考、探索、实践、总结,以咬定青山不放松的劲头,脚踏实地地做好每一件事情,然后再瞄准下一个目标,周而复始,驰而不息。他的坚持,既表现在挫折面前不气馁、持之以恒,也表现在成功面前不骄傲、心如止水。

如果没有十年的坚持,鞍钢冷轧机改造不会取得成功;如果没有二十年的坚持,中国水下机器人不会从纸上谈兵变成深海利器。在他的成就和光环背后,是艰辛的付出,浸透着心血和汗水。他将自己的分分秒秒,都献给了祖国的科技事业!

功崇惟志,业广惟勤;宝剑锋从磨砺出,梅花香自苦寒来。勤奋与坚持,是每一位优秀科技工作者和成功人士的必备品格。

项目五

搬运机器人工作站动态效果的构建与仿真

学习目标

1. 知识目标

（1）了解 RobotStudio 仿真软件的 Smart 组件；
（2）掌握常用 Smart 组件的设置方法；
（3）掌握工业机器人条件逻辑判断指令的应用。

2. 技能目标

（1）完成吸盘 Smart 组件的创建与设定；
（2）能应用条件逻辑判断指令进行搬运程序设计；
（3）完成工业机器人搬运动态效果的构建与仿真。

3. 素养目标

（1）感受传统文化的精髓，激发热爱专业、热爱生活情怀；
（2）培育一丝不苟、爱岗敬业的精神；
（3）培养良好沟通能力和客观自我评价的习惯。

项目导入

某企业生产线正进行整线机器换人改造，总工程师已根据生产工艺完成总体方案的设计。搬运机器人工作站是其中的一个重要应用。搬运机器人工作站的具体工作，采用仿真技术对于降低成本、提高生产效率具有重要的现实意义。如何根据现场搭建搬运机器人仿真环境，完成搬运动作的动态效果设计？

本项目利用 RobotStudio 仿真软件的建模功能来搭建搬运机器人系统，利用 Smart 组件功能实现搬运动作的动态效果设计，其具体布局如图 5-1 所示。Smart 组件功能的应用、吸盘动态效果的设计以及条件逻辑判断指令的应用，是本项目的重点内容。通过项目任务的实施，学生能够应用 Smart 组件功能设计吸盘的吸附和放置动作，掌握工业机器人条件逻辑判断指令的应用、实现工业机器人搬运工作站的虚拟示教调试与仿真。

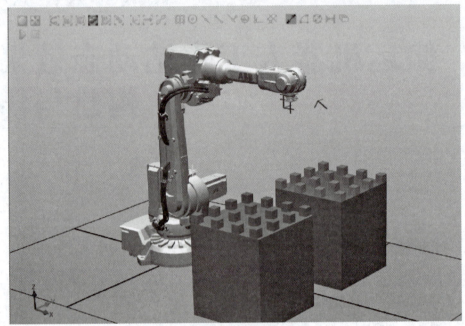

图 5-1　搬运机器人系统示意图

项目实现

任务一　搬运机器人夹具动态效果的设定与仿真

Smart 组件与事件管理器类似，具备 RobotStudio 软件中实现动画效果的功能。本任务将利用 Smart 子组件创建搬运吸盘 Smart 组件，并对其进行有效设定，最后实现了搬运机器人吸盘动态仿真效果。

子任务一　Smart 组件简介

本任务将详细介绍 Smart 子组件的常用功能，以便后续更好地应用到工业机器人搬运和码垛工作站中，实现工作站动态的仿真效果。

（一）"信号和属性"子组件

本子组件的功能是处理工作站运行中的各种数组信号的相互逻辑运算关系，从而达到预期的动态效果，共包括 LogicGate、LogicExpression 和 LogicMux 等 10 余种逻辑运算方式。

（1）LogicGate　其功能是将两个操作数 InputA（Digital）和 InputB（Digital），按照操作符 Operator（String）所指定的运算方式以及 Delay（Double）所指定的输出变化延迟时间输出到 Output 所指定的运算结果中。其信号及属性说明见表 5-1。

表 5-1 LogicGate 信号及属性说明

信号及属性		说　　明
信号	InputA	第一个输入信号
	InputB	第二个输入信号
	Output	逻辑运算结果
属性	Operator	所使用的逻辑运算符： AND——与 OR——或 XOR——异或 NOT——非 NOP——空操作
	Delay	输出变化延迟时间

（2）LogicExpression 其主要功能是评估逻辑表达式，信号及属性说明见表 5-2。

表 5-2 LogicExpression 信号及属性说明

信号及属性		说　　明
信号	Result	内容为评估的结果
属性	Expression	所支持的逻辑运算符： AND——与 OR——或 NOT——非 NOP——空操作
	String	要评估的表达式

（3）LogicMux 其主要功能是选择一个输入信号，即按照"Selector（Digital）"设定为 0 时，选择第一个输入 InputA；为 1 时，选择第二个输入信号 InputB。其信号说明见表 5-3。

表 5-3 LogicMux 信号说明

信　号	说　　明
Selector	设定为 0 时，选择第一个输入；为 1 时，选择第二个输入
InputA	第一个输入
InputB	第二个输入
Output	结果

（4）LogicSplit 其主要功能是根据输入信号的状态进行输出设定和脉冲输出设定，其信号说明见表 5-4。

表 5-4 LogicSplit 信号说明

信　号	说　　明
Input	输入
OutputHigh	当输入为 1 时，转为 High（1）
OutputLow	当输入为 0 时，转为 High（0）
PulseHigh	当输入设为 High 时，发送脉冲
PulseLow	当输入设为 Low 时，发送脉冲

（5）LogicSRLatch 用于进行置位/复位设置，并具有自锁功能，其信号说明见表 5-5。

表 5-5　LogicSRLatch 信号说明

信号	说明
Set	设置输出信号
Reset	复位输出信号
Output	指定输出信号
InvOutput	指定反转输出信号

（6）Converter 用于属性值和信号值之间的转换，其信号及属性说明见表 5-6。

表 5-6　Converter 信号及属性说明

信号及属性		说明
信号	DigitalInput	转换为 DigitalProperty
	AnalogInput	转换为 AnalogProperty
	GroupInput	转换为 GroupProperty
	DigitalOutput	由 DigitalProperty 转换
	AnalogOutput	由 AnalogProperty 转换
	GroupOutput	由 GroupProperty 转换
属性	AnalogProperty	要评估的表达式
	DigitalProperty	转换为 DigitalOutput
	BooleanProperty	由 DigitalInput 转换为 DigitalOutput
	GroupProperty	转换为 GroupOutput

（7）VectorConverter 其主要功能是完成转换 Vector3 和 X、Y、Z 之间的值，其属性说明见表 5-7。

表 5-7　VectorConverter 属性说明

属性	说明
X	指定 Vector 的 X 值
Y	指定 Vector 的 Y 值
Z	指定 Vector 的 Z 值
Vector	指定向量值

（8）Expression 用于验证数学表达式，公式计算支持 +、-、*、/ 等，数字属性将自动添加给其他标识符，运算结果显示在 Result 中，其属性说明见表 5-8。

表 5-8　Expression 属性说明

属性	说明
Expression	指定要计算的表达式
Result	显示计算结果

（9）Comparer 其功能是设定一个数字信号，输出一个属性的比较结果，其信号及属性说明见表 5-9。

表 5-9 Comparer 信号及属性说明

信号及属性		说　明
信号	Output	当比较结果为真，变为 High（1）
属性	ValueA	第一个值
	ValueB	第二个值
	Operator	所支持的运算符： == != > >= < <=

（10）Counter 用于增加或减少属性的值，其信号及属性说明见表 5-10。

表 5-10 Counter 信号及属性说明

信号及属性		说　明
信号	Increase	当信号设为 True 时，将在 Count 中加 1
	Decrease	当信号设为 True 时，将在 Count 中减 1
	Reset	当 Reset 为 High 时，将 Count 复位为 0
属性	Count	指定当前值

（二）"参数和建模"子组件

本子组件的主要功能是可以生成一些指定参数的模型，本子组件主要包括 ParametricBox、ParametricCylinder 和 ParamericLine 等多种子组件。

（1）ParametricBox 用于创建一个指定长度、宽度和高度的矩形体。其信号及属性说明见表 5-11。

表 5-11 ParametricBox 信号及属性说明

信号及属性		说　明
信号	Update	设定为 High（1）时更新已生成的部件
属性	SizeX	沿 X 轴方向指定矩形体的长度
	SizeY	沿 Y 轴方向指定矩形体的宽度
	SizeZ	沿 Z 轴方向指定矩形体的高度
	GeneratePart	指定生成的部件
	KeepGeometry	设定为 False 时，将删除生成部件中的几何信息

（2）ParametricCylinder 用于创建一个指定半径和高度的实心圆柱体。其信号及属性说明见表 5-12。

表 5-12　ParametricCylinder 信号及属性说明

信号及属性		说　明
信号	Update	设定为 High（1）时更新已生成的部件
属性	Radius	指定圆柱的半径
	Height	指定圆柱的高
	GeneratePart	指定生成的部件
	KeepGeometry	设定为 False 时，将删除生成部件中的几何信息

（3）ParamericCircle 用于创建一个指定半径的圆。其信号及属性说明见表 5-13。

表 5-13　ParametricCircle 信号及属性说明

信号及属性		说　明
信号	Update	设定为 High（1）时更新已生成的部件
属性	Radius	指定圆周的半径
	GeneratePart	指定生成的部件
	GenerateWire	指定生成的线框
	KeepGeometry	设定为 False 时，将删除生成部件中的几何信息

（4）ParamericLine 用于创建给定端点和长度的线段。其信号及属性说明见表 5-14。

表 5-14　ParamericLine 信号及属性说明

信号及属性		说　明
信号	Update	设定为 High（1）时更新已生成的部件
属性	EndPoint	指定线段的端点
	Height	指定线段的长度
	GenerateWire	指定生成的线框
	KeepGeometry	设定为 False 时，将删除生成部件中的几何信息

（5）LineExtrusion 用于面拉伸或沿着向量方向拉伸线段。其信号及属性说明见表 5-15。

表 5-15　LineExtrusion 信号及属性

信号及属性		说　明
信号	Update	设定为 High（1）时更新已生成的部件
属性	SourceFace	指定要拉伸的面
	SourceWire	指定要拉伸的线
	Projection	指定要拉伸的方向
	GeneratePart	指定生成的部件
	KeepGeometry	设定为 False 时，将删除生成部件中的几何信息

（6）LinearRepeater 用于创建图形的复制。源对象、创建的对象、创建对象的距离等都由其参数设定。其属性说明见表 5-16。

表 5-16　LinearRepeater 属性说明

属　　性	说　　明
Source	指定要复制的对象
Count	指定要创建的复制对象的数量
Offset	指定两个拷贝之间进行空间的偏移
Distance	指定拷贝间的距离

（7）CircularRepeater 用于沿着图形组件的圆创建拷贝。其属性说明见表 5-17。

表 5-17　CircularRepeater 属性说明

属　　性	说　　明
Source	指定要复制的对象
Count	指定要创建的复制对象的数量
Radius	指定圆周的半径
DeltaAngle	指定两拷贝之间的角度

（8）MatrixRepeater 用于在 3D 空间创建图形组件的拷贝。其属性说明见表 5-18。

表 5-18　MatrixRepeater 属性说明

属　　性	说　　明
Source	指定要复制的对象
CountX	指定在 X 轴方向上复制的数量
CountY	指定在 Y 轴方向上复制的数量
CountZ	指定在 Z 轴方向上复制的数量
OffsetX	指定在 X 轴方向上两拷贝之间的偏移
OffsetY	指定在 Y 轴方向上两拷贝之间的偏移
OffsetZ	指定在 Z 轴方向上两拷贝之间的偏移

（三）"传感器"子组件

本子组件的主要功能是创建一些具有能够检测碰撞、接触及到位等信号功能的传感器。本子组件主要包括 CollisionSensor、LineSensor 和 PlaneSensor 等多种子组件。

（1）CollisionSensor 用于创建第一个对象和第二个对象间的碰撞监控的传感器。如果两个对象中任何一个对象没有指定，则将检测所指定的对象和整个工作站的碰撞关系。若 Active 处于激活状态且 SensorOut 有输出时，将会在第一个碰撞部件和第二个碰撞部件中报告发生或将要发生碰撞关系的部件。其信号及属性说明见表 5-19。

表 5-19　CollisionSensor 信号及属性说明

信号及属性		说　　明
信号	Active	设定为 High（1）时激活传感器
	SensorOut	当有碰撞或将要发生碰撞时变成为 High（1）

续表

信号及属性		说明
属性	Object1	第一个对象
	Object2	第二个对象
	NearMiss	指定接近碰撞的临界值
	Part1	第一个对象发生碰撞的部件
	Part2	第二个对象发生碰撞的部件
	CollisionType	碰撞（2），接近碰撞（1）或无（0）

（2）LineSensor 用于检测是否有任何对象和两点之间的线段传感器相交。通过属性中给出的数据可以设定线段传感器的位置、长度和粗细等。其信号及属性说明见表5-20。

表5-20　LineSensor 信号及属性说明

信号及属性		说明
信号	Active	设定为 High（1）时激活传感器
	SensorOut	当对象与线段传感器相交时变成为 High（1）
属性	Start	指定起始点
	End	指定结束点
	Radius	指定感应半径
	SensedPart	指定与 LineSensor 相交的部件
	SensedPoint	指定相交对象上距离起始点最近的点

（3）PlaneSensor 用于检测对象与平面的接触情况。面传感器 PlaneSensor 通过确定原点 Origin、Axis1 和 Axis2 的 3 个坐标构建。且在 Active 为 1 情况下，通过 SensedPart 检测与面传感器接触的物体，此时 SensorOut 也为 1。其信号及属性说明见表5-21。

表5-21　PlaneSensor 信号及属性说明

信号及属性		说明
信号	Active	设定为 High（1）时激活传感器
	SensorOut	当对象与面传感器相交时变成为 High（1）
属性	Origin	指定平面的原点
	Axis1	指定平面的第一个轴
	Axis2	指定平面的第二个轴
	SensedPart	指定与 PlaneSensor 相交的部件

（4）VolumeSensor 用于检测是否有任何对象位于箱形体积内，所设定的体积由角点、边长、边高、边宽和方位角定义。其信号及属性说明见表5-22。

表5-22　VolumeSensor 信号及属性说明

信号及属性		说明
信号	Active	设定为 High（1）时激活传感器
	SensorOut	检测到对象时变成为 High（1）

项目五　搬运机器人工作站动态效果的构建与仿真

续表

信号及属性		说　明
属性	CornerPoint	指定箱体的本地原点
	Orientation	指定对象相对于参考坐标的方向
	Length	指定箱体的长度
	Width	指定箱体的宽度
	Height	指定箱体的高度
	PartialHit	检测仅有一部分位于体积内的对象
	SensedPart	检测部件

（5）PositionSensor 用于监视对象的位置和方向，仅在仿真期间被更新。其属性说明见表 5-23。

表 5-23　PositionSensor 属性说明

属　性	说　明
Object	指定要监控的对象
Reference	指定参考坐标系
ReferenceObject	如果将 Reference 设置为 Object，指定参考对象
Position	指定对象相对于参考坐标的位置
Orientation	指定对象相对于参考坐标的方向

（6）ClosestObject 用于搜索最接近于参考点或其他对象的对象。其信号及属性说明见表 5-24。

表 5-24　ClosestObject 信号及属性说明

信号及属性		说　明
信号	Execute	设定为 High（1）时找最接近的对象
	Executed	当操作完成时变成为 High（1）
属性	ReferenceObject	如果将 Reference 设置为 Object，指定参考对象
	ReferencePoint	如果将 Reference 设置为 Point，指定参考点
	RootObject	搜索对象的子对象
	ClosestObject	接近最上层对象
	ClosestPart	指定距参考对象或参考点最近的部件
	Distance	指定参考对象和最近的对象之间的距离
	SensedPart	检测部件

（四）"动作"子组件

本子组件的主要功能是完成一些与动作相关的功能的设置，如设置拾取、放置及创建物体拷贝等功能。本子组件主要包括 Attacher、Detacher 和 Sounce 等多个功能子组件。

（1）Attacher 用于表示将子对象安装到父对象上，如果父对象为机械装置，还必须指定机械装置的 Flange。其信号及属性说明见表 5-25。

表 5-25　Attacher 信号及属性说明

信号及属性		说　明
信号	Execute	设定为 High（1）时安装
	Executed	当操作完成时变成为 High（1）
属性	Parent	指定子对象要安装的父对象
	Flange	指定要安装机械装置的编号
	Child	指定要安装的对象
	Mount	如果为 True，子对象装配在父对象上
	Offset	当使用 Mount 时，指定相对于父对象的位置
	Orientation	当使用 Mount 时，指定相对于父对象的方向

（2）Detacher 用于拆除一个已经安装的子对象。其信号及属性说明见表 5-26。

表 5-26　Detacher 信号及属性说明

信号及属性		说　明
信号	Execute	设定为 High（1）时移除安装的子对象
	Executed	当操作完成时变成为 High（1）
属性	Child	指定要拆除的对象
	KeepPosition	如果为 False，被安装的对象将返回其原始的位置

（3）Source 用于创建一个图形的拷贝。在 Execute 有效置为 1 的情况下，复制对象的父对象由 Parent 属性定义，而 Copy 属性则指定对所复制对象的参考。其信号及属性说明见表 5-27。

表 5-27　Source 信号及属性说明

信号及属性		说　明
信号	Execute	设定为 High（1）时创建一个复制
	Executed	当操作完成时变成为 High（1）
属性	Source	指定要复制的对象
	Copy	指定复制
	Parent	指定要复制的父对象
	position	指定复制相对于其父对象的位置
	Orientation	指定复制相对于其父对象的方向
	Transient	在临时仿真过程中对已复制对象进行标记，防止内存错误发生

（4）Sink 用于删除图形组件。其信号及属性说明见表 5-28。

表 5-28　Sink 信号及属性说明

信号及属性		说　明
信号	Execute	设定为 High（1）时移除对象
	Executed	当操作完成时变成为 High（1）
属性	Object	指定要删除的对象

（5）Show 用于在画面中显示该对象。其信号及属性说明见表 5-29。

表 5-29 Show 信号及属性说明

信号及属性		说　　明
信号	Execute	设定为 High（1）时显示对象
	Executed	当操作完成时变成为 High（1）
属性	Object	指定要显示的对象

（6）Hide 用于在画面中将对象隐藏。其信号及属性说明见表 5-30。

表 5-30 Show 信号及属性说明

信号及属性		说　　明
信号	Execute	设定为 High（1）时隐藏对象
	Executed	当操作完成时变成为 High（1）
属性	Object	指定要隐藏的对象

（五）"本体"子组件

本子组件的主要功能是设置对象的直线运行、旋转运动、位姿变化以及关节运动等。本子组件主要包括 LinearMover、LinearMover2、Rotator、Rotator2 和 Pose Mover 等多种运动方式。

（1）LinearMover 用于将对象移动到一条直线上。其信号及属性说明见表 5-31。

表 5-31 LinearMover 信号及属性说明

信号及属性		说　　明
信号	Execute	设定为 High（1）时开始移动对象
属性	Object	指定要移动的对象
	Direction	指定要移动对象的方向
	Speed	指定要移动对象的速度
	Reference	指定参考坐标系
	ReferenceObject	如果将 Reference 设置为 Object，指定参考对象

（2）LinearMover2 用于将对象移动到指定位置。其信号及属性说明见表 5-32。

表 5-32 LinearMover2 信号及属性说明

信号及属性		说　　明
信号	Execute	设定为 High（1）时开始移动对象
	Executed	当操作完成时变成为 High（1）
属性	Object	指定要移动的对象
	Direction	指定要移动对象的方向
	Distance	指定移动距离
	Duration	指定移动时间
	Reference	指定参考坐标系
	ReferenceObject	如果将 Reference 设置为 Object，指定参考对象

（3）Rotator 用于将对象按照指定的速度绕着轴旋转。其信号及属性说明见表 5-33。

表 5-33　Rotator 信号及属性说明

信号及属性		说明
信号	Execute	设定为 High（1）时开始移动对象
属性	Object	指定要旋转的对象
	CenterPoint	指定点绕着对象旋转
	Axis	指定旋转轴
	Speed	指定旋转对象的速度
	Reference	指定参考坐标系
	ReferenceObject	如果将 Reference 设置为 Object，指定参考对象

（4）Rotator2 用于将对象按照指定的轴旋转指定的角度。其信号及属性说明见表 5-34。

表 5-34　Rotator2 信号及属性说明

信号及属性		说明
信号	Execute	设定为 High（1）时开始旋转
	Executed	当操作完成时变成为 High（1）
	Executing	旋转过程中输出执行信号
属性	Object	指定要旋转的对象
	CenterPoint	指定点绕着对象旋转
	Axis	指定旋转轴
	Angle	指定旋转角度
	Duration	指定旋转时间
	Reference	指定参考坐标系
	ReferenceObject	如果将 Reference 设置为 Object，指定参考对象

（5）PoseMover 用于表示运动机械装置关节到达一个已定义的姿态。其信号及属性说明见表 5-35。

表 5-35　PoseMover 信号及属性说明

信号及属性		说明
信号	Execute	设定为 High（1）时开始移动
	Pause	设定为 High（1）时暂停移动
	Cancel	设定为 High（1）时取消移动
	Executed	当到达姿态时变成 High（1）
	Executing	当移动时变成 High（1）
属性	Mechanism	指定要移动的机械装置
	Pose	指定要移动到的姿态的编号
	Duration	指定机械装置移动到指定姿态的时间

（6）JointMover 用于设置机械装置中关节运动的参数。其信号及属性说明见表 5-36。

表 5-36 JointMover 信号及属性说明

信号及属性		说明
信号	GetCurrent	设定为 High（1）时返回当前的关节值
	Execute	设定为 High（1）时开始移动
	Pause	设定为 High（1）时暂停移动
	Cancel	设定为 High（1）时取消移动
	Executed	当移动完成后变成 High（1）
	Executing	当移动时变成 High（1）
属性	Mechanism	指定要移动的机械装置
	Relative	指定 J1～Jx 时是起始位置的相对值，而非绝对关节值
	Duration	指定机械装置移动到指定姿态的时间
	J1～Jx	关节值

（六）"其他"子组件

本子组件的主要功能是设置对象的直线运行、旋转运动、位姿变化以及关节运动等。本子组件主要包括 LinearMover、LinearMover2、Rotator、Rotator2 和 Pose Mover 等多种运动方式。

（1）Quene 用于表示对象的队列，可作为组进行操作。其信号及属性说明见表 5-37。

表 5-37 Quene 信号及属性说明

信号及属性		说明
信号	Enqueue	将在 Back 中的对象添加至队列末尾
	Dequeue	将队列前端的对象移除
	Clear	将队列所有对象移除
	Delete	将在队列前端的对象移除，并将该对象从工作站移除
	DeleteAll	清空队列，并将所有对象从工作站中移除
属性	Back	指定 Enqueue 的对象
	Front	指定队列的第一个对象
	Queue	包含队列元素的唯一 ID 编号
	NumberOfObjects	指定队列中的对象数目

（2）ObjectCompare 用于设定一个数字信号输出对象的比较结果。其信号及属性说明见表 5-38。

表 5-38 ObjectCompare 信号及属性说明

信号及属性		说明
信号	Output	如果两对象相等，则变成 High（1）
属性	ObjectA	指定要比较的对象
	ObjectB	指定要比较的对象

（3）GraphicSwitch 用于设置双击图形在两个部件之间转换。其信号及属性说明见表 5-39。

表 5-39　GraphicSwitch 信号及属性说明

信号及属性		说　明
信号	Input	输入信号
	Output	输出信号
属性	PartHigh	当设定为 High（1）时显示
	PartLow	当设定为 Low（0）时显示

（4）Highlighter 用于临时改变对象颜色。其信号及属性说明见表 5-40。

表 5-40　Highlighter 信号及属性说明

信号及属性		说　明
信号	Active	当为 True 时将高亮显示，当为 False 时回复原始颜色
属性	Object	指定要高亮显示的对象
	Color	指定高亮颜色的 RGB 值
	Opacity	指定对象原始颜色和高亮颜色混合的程序

（5）MoveToViewPoint 用于切换到已定义的视角上。其信号及属性说明见表 5-41。

表 5-41　MoveToViewPoint 信号及属性说明

信号及属性		说　明
信号	ViewPoint	指定要移动到的视角
	Time	指定完成操作的时间
属性	Execute	当设定为 High（1）时开始操作
	Executed	当操作完成后变为 High（1）

（6）Logger 用于在输出窗口显示信息。其信号及属性说明见表 5-42。

表 5-42　Logger 信号及属性说明

信号及属性		说　明
信号	Execute	设定为 High（1）时显示信息
属性	Format	指定格式字符
	Message	指定信息
	Severity	指定信息等级

更多的 Smart 子组件可参考 RobotStudio 中文手册说明。

● 视　频

吸盘 smart 组件的创建

子任务二　搬运吸盘 Smart 组件的设定

（一）准备搬运机器人系统

如图 5-1 所示搬运机器人系统已创建，可通过解压打包工作站来完成。其具体步骤见表 5-43。

项目五　搬运机器人工作站动态效果的构建与仿真

表 5-43　搬运机器人系统解压打包工作站步骤

图　　示	步　　骤
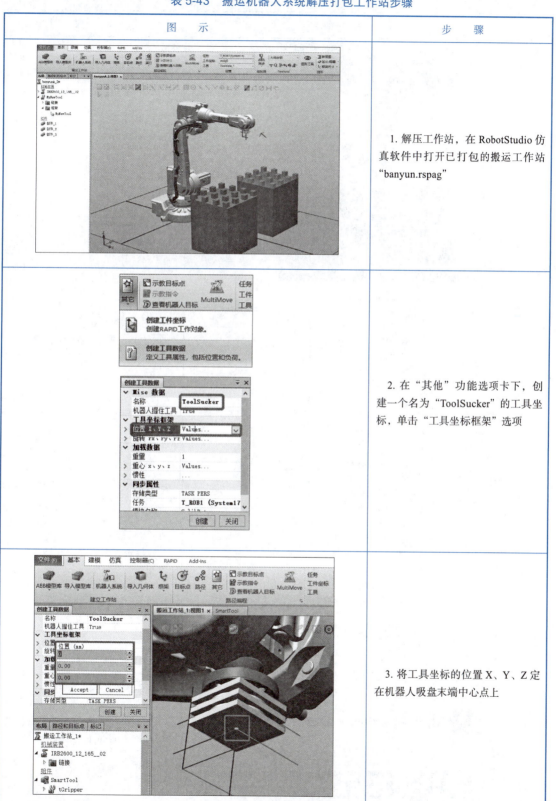	1. 解压工作站，在 RobotStudio 仿真软件中打开已打包的搬运工作站"banyun.rspag"
	2. 在"其他"功能选项卡下，创建一个名为"ToolSucker"的工具坐标，单击"工具坐标框架"选项
	3. 将工具坐标的位置 X、Y、Z 定在机器人吸盘末端中心点上

119

续表

图　示	步　骤
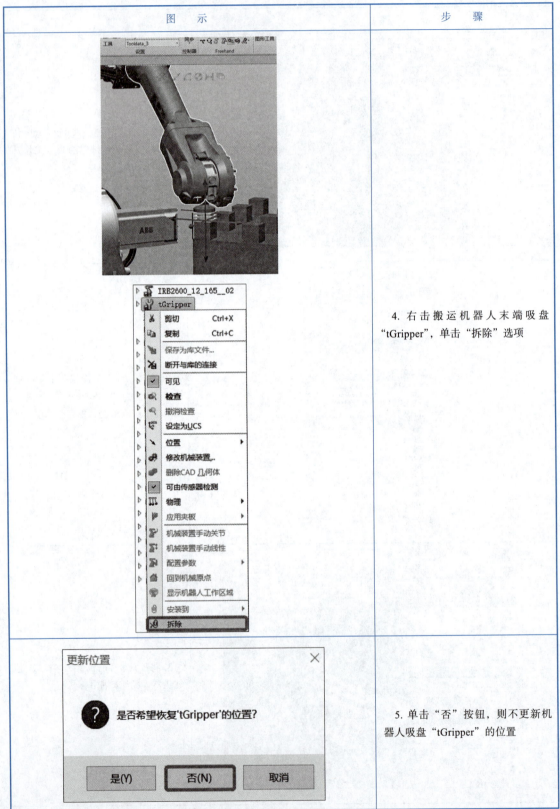	4. 右击搬运机器人末端吸盘"tGripper"，单击"拆除"选项
	5. 单击"否"按钮，则不更新机器人吸盘"tGripper"的位置

项目五 搬运机器人工作站动态效果的构建与仿真

（二）吸盘 Smart 组件的创建

为实现搬运机器人吸盘的动态效果，主要包括吸盘拾取和放置两个动作，需要在 RobotStudio 仿真软件中创建吸盘 Smart 组件 "SC_Gripper"，并添加检测传感器和相关组件。其具体实施步骤见表 5-44、表 5-45 和表 5-46。

表 5-44 吸盘 Smart 组件 "SC_Gripper" 的创建步骤

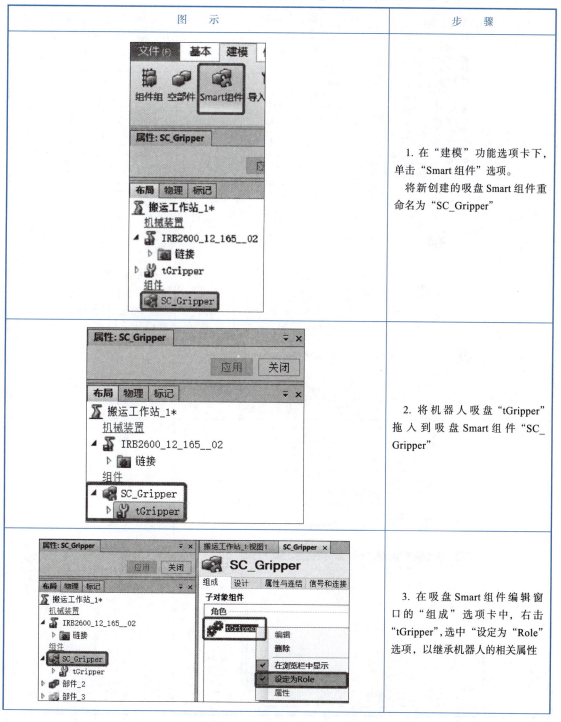

续表

图　示	步　骤
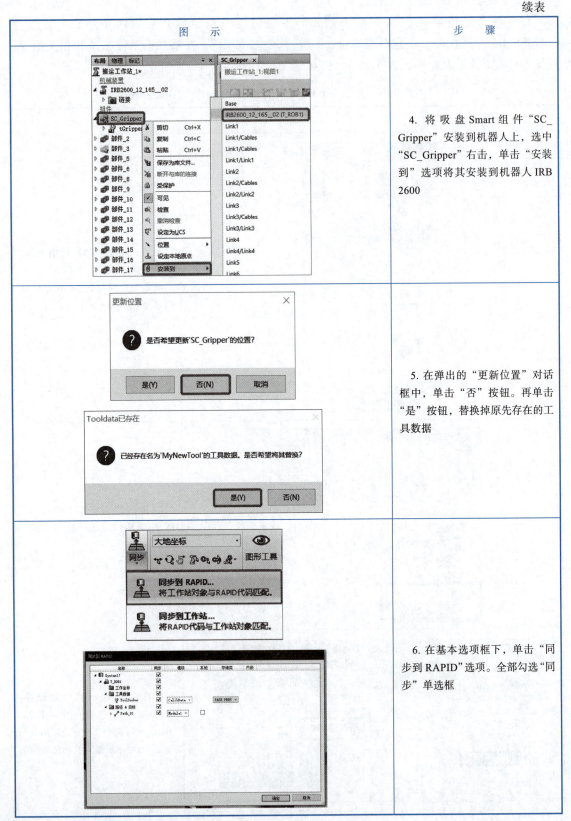	4. 将吸盘 Smart 组件"SC_Gripper"安装到机器人上，选中"SC_Gripper"右击，单击"安装到"选项将其安装到机器人 IRB 2600
	5. 在弹出的"更新位置"对话框中，单击"否"按钮。再单击"是"按钮，替换掉原先存在的工具数据
	6. 在基本选项框下，单击"同步到 RAPID"选项。全部勾选"同步"单选框

项目五 搬运机器人工作站动态效果的构建与仿真

表 5-45 添加检测"传感器"步骤

图 示	步 骤
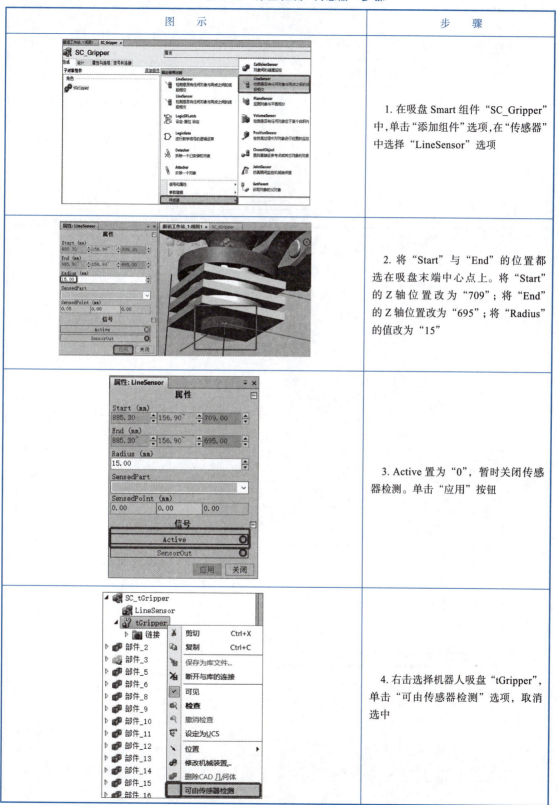	1. 在吸盘 Smart 组件"SC_Gripper"中,单击"添加组件"选项,在"传感器"中选择"LineSensor"选项
	2. 将"Start"与"End"的位置都选在吸盘末端中心点上。将"Start"的 Z 轴位置改为"709";将"End"的 Z 轴位置改为"695";将"Radius"的值改为"15"
	3. Active 置为"0",暂时关闭传感器检测。单击"应用"按钮
	4. 右击选择机器人吸盘"tGripper",单击"可由传感器检测"选项,取消选中

表 5-46 添加相关组件实施步骤

图 示	步 骤
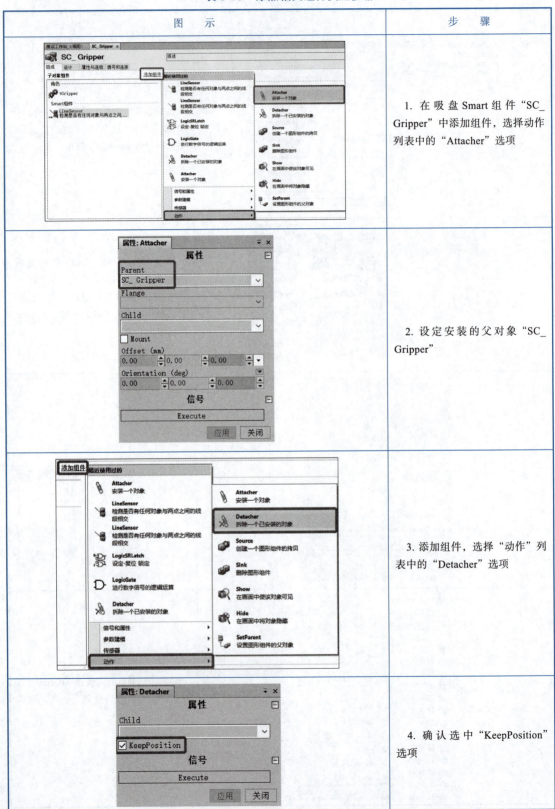	1. 在吸盘 Smart 组件"SC_Gripper"中添加组件,选择动作列表中的"Attacher"选项
	2. 设定安装的父对象"SC_Gripper"
	3. 添加组件,选择"动作"列表中的"Detacher"选项
	4. 确认选中"KeepPosition"选项

续表

图 示	步 骤
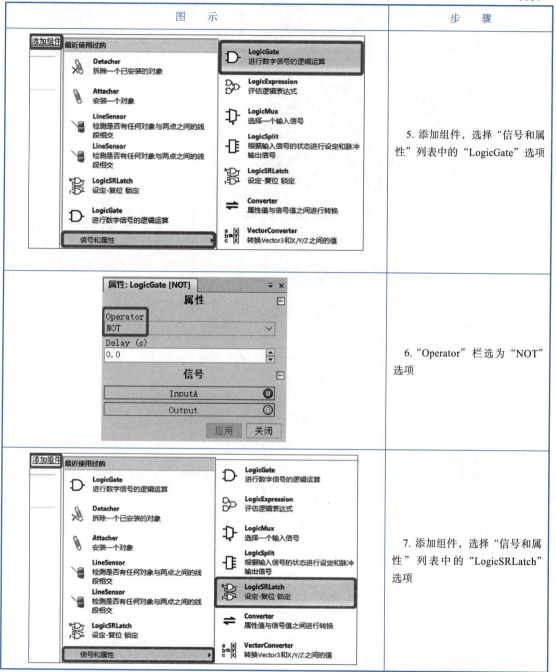	5. 添加组件，选择"信号和属性"列表中的"LogicGate"选项
	6. "Operator"栏选为"NOT"选项
	7. 添加组件，选择"信号和属性"列表中的"LogicSRLatch"选项

（三）吸盘 Smart 组件属性与连结、信号和连接的设定

在创建好吸盘 Smart 组件"SC_Gripper"、并添加了检测传感器和相关组件的基础上，接下来将对吸盘 Smart 组件"SC_Gripper"的属性与连结、信号和连接进行设定，具体步骤见表 5-47。

视 频

吸盘 smart 组建的设定 –1

表 5-47 吸盘属性与连结、信号和连接的设定步骤

图 示	步 骤
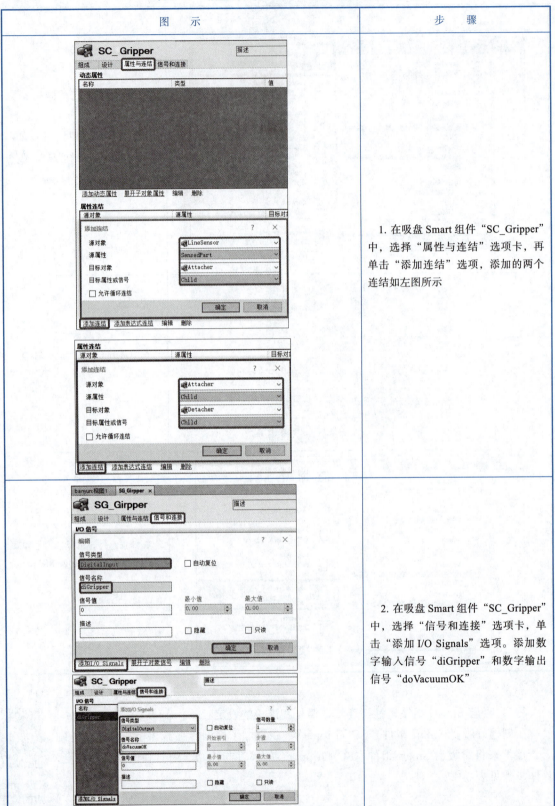	1. 在吸盘 Smart 组件"SC_Gripper"中，选择"属性与连结"选项卡，再单击"添加连结"选项，添加的两个连结如左图所示
	2. 在吸盘 Smart 组件"SC_Gripper"中，选择"信号和连接"选项卡，单击"添加 I/O Signals"选项。添加数字输入信号"diGripper"和数字输出信号"doVacuumOK"

项目五 搬运机器人工作站动态效果的构建与仿真

续表

图 示	步 骤
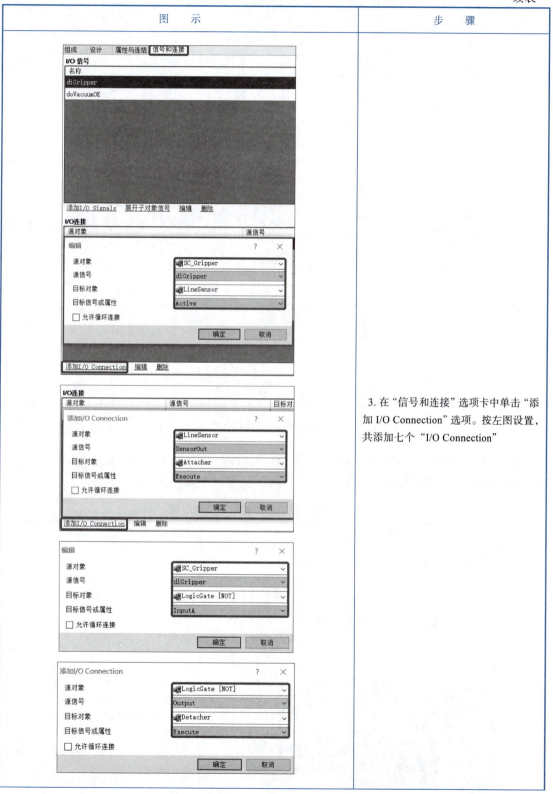	3. 在"信号和连接"选项卡中单击"添加 I/O Connection"选项。按左图设置，共添加七个"I/O Connection"

127

图 示	步 骤
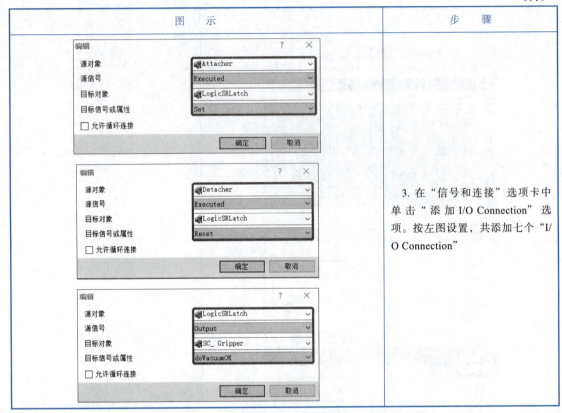	3. 在"信号和连接"选项卡中单击"添加 I/O Connection"选项。按左图设置,共添加七个"I/O Connection"

子任务三 搬运机器人吸盘动态效果的仿真

为了对搬运机器人吸盘 Smart 组件"SC_Gripper"的动态效果进行验证,需利用 RobotStudio 仿真软件的仿真功能和"I/O 仿真器",具体步骤见表 5-48。

表 5-48 吸盘动态效果的仿真步骤

图 示	步 骤
	1. 在"仿真"功能选项卡下,单击"I/O 仿真器"选项,打开吸盘 Smart 组件的 I/O 信号
	2. 利用"Freehand"选项卡中的"手动线性"操纵方法,单击机器人末端法兰盘,当出现坐标框架时,拖动智能吸盘到达产品正上方;选择系统下拉框为吸盘 Smart 组件"SC_Gripper"。将触发信号"diGripper"置"1"

项目五　搬运机器人工作站动态效果的构建与仿真

续表

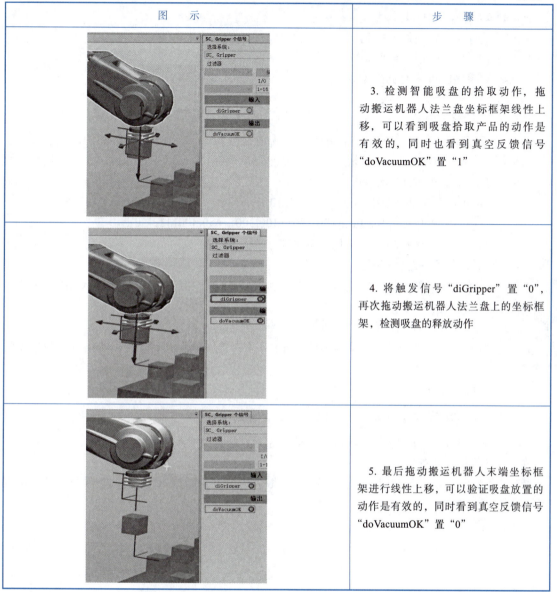

图　示	步　骤
	3. 检测智能吸盘的拾取动作，拖动搬运机器人法兰盘坐标框架线性上移，可以看到吸盘拾取产品的动作是有效的，同时也看到真空反馈信号"doVacuumOK"置"1"
	4. 将触发信号"diGripper"置"0"，再次拖动搬运机器人法兰盘上的坐标框架，检测吸盘的释放动作
	5. 最后拖动搬运机器人末端坐标框架进行线性上移，可以验证吸盘放置的动作是有效的，同时看到真空反馈信号"doVacuumOK"置"0"

任务二　搬运机器人的虚拟示教编程与仿真

本任务中，将利用数组存放搬运机器人工作站中的物料存储位置，为后续优化程序结构作铺垫；采用基本的编程思路，在进行程序设计之前，梳理并创建搬运机器人工作站的程序数据；最后对整个工作站进行逻辑设定及搬运程序编制，实现搬运机器人工作站动态效果的仿真。

视　频

子任务一　搬运机器人的编程准备

（一）数组的定义和引用

在程序编写过程中，有时需要调用大量的同种类型、同种用途的数据，创建数据时可以用数组来存放这些数据。

数组的定义和引用

例如：定义一个二维数组：
num num1{3，4}={[1, 2, 3, 4]
　　　　　　　　[2, 3, 4, 5]
　　　　　　　　[3, 4, 5, 6]};
定义二维数组 num1 存储类型为 VAR；
若 num2：= num1{3，4}；
则 num2 被赋值为数组 num1{3，4} 的值，即为 6。
在本任务中，共有 16 块物料，需定义搬运位置数组 ncount1 用于存放产品的位置（针对参考产品位置在 x、y 方向上的偏移量），对应的搬运位置数组为 num ncount1{16，2}，且物料间的间距为 150mm。定义的位置数据 ncount1 如下：
num ncount1={[0,0],[150,0],[300,0],[450,0],[0,150],[150,150],[300,150],
　　　　　　　[450,150],[0,300],[150,300],[300,300],[450,300],[1,450],
　　　　　　　[150,450],[300,450],[450,450]}

视　频

条件逻辑
判断指令

（二）条件逻辑判断指令

条件逻辑判断指令用于对条件进行判断后，执行相应的操作，是 RAPID 中重要的组成部分。

（1）Compact IF 紧凑型条件判断指令

Compact IF 紧凑型条件判断指令用于当一个条件满足了以后，就执行一句指令的情况。

指令示例：

```
IF flag1 = TRUE Set do1;
```

如果 flag1 的状态为 TRUE，则 do1 被置位为 1。

（2）IF 条件判断指令

IF 条件判断指令，就是根据不同的条件去执行不同的指令，条件判定的条件数量可以根据实际情况增加或减少。

指令示例：

```
IF num1=1 THEN
    flag:=TRUE;
ELSEIF num1=2 THEN
    flag1:=FALSE;
ELSE
    Set do1;
ENDIF
```

在程序执行此指令时，如果 num1 为 1，则 flag1 会赋值为 TRUE。如果 num1 为 2，则 flag1 会赋值为 FALSE。除了以上两种条件之外，则执行 do1 置位为 1。

（3）FOR 重复执行判断指令

FOR 重复执行判断指令，是用于一个或多个指令需要重复执行次数的情况。

指令示例：

```
FOR i FROM 1 TO 10 DO
```

```
        Routine1;
ENDFOR
```

在程序执行此指令时,满足变量 i 在 1 到 10 之间,例行程序 Routine1 重复执行 10 次。

(4) WHILE 条件判断指令

WHILE 条件判断指令,用于在给定条件满足的情况下,一直重复执行对应的指令。

指令示例:

```
WHILE num1>num2 DO
    num1:=num1-1;
ENDWHILE
```

在程序执行此指令时,只要满足 num1>num2 条件,就一直重复执行 num1-1 的操作。

子任务二　搬运机器人程序数据的创建

在搬运机器人工作站中,需要在物料盘中创建相应的工件坐标,作为后续搬运机器人程序设计的基础(步骤 1、2);创建搬运位置数组,实现搬运机器人程序的优化(步骤 3、4);创建机器人通信板和数字输入输出信号,实现机器人与 Smart 组件的通信(步骤 5、6)。其具体实施步骤见表 5-49。

表 5-49　搬运机器人程序数据的创建步骤

图　　示	步　　骤
	1. 在搬运工作站搬运物料拾取盘 A 中,利用三点法创建工件坐标"wobj1"
	2. 在搬运工作站搬运物料放置盘 B 中,利用三点法创建工件坐标"wobj2"

续表

图 示	步 骤
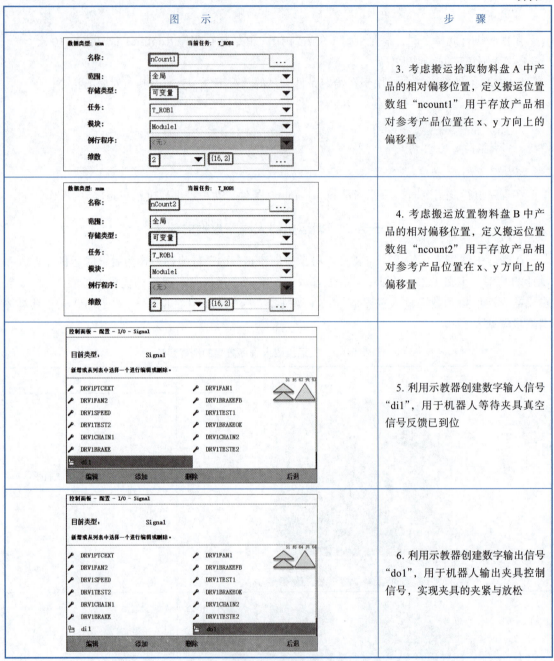	3. 考虑搬运拾取物料盘 A 中产品的相对偏移位置，定义搬运位置数组"ncount1"用于存放产品相对参考产品位置在 x、y 方向上的偏移量
	4. 考虑搬运放置物料盘 B 中产品的相对偏移位置，定义搬运位置数组"ncount2"用于存放产品相对参考产品位置在 x、y 方向上的偏移量
	5. 利用示教器创建数字输入信号"di1"，用于机器人等待夹具真空信号反馈已到位
	6. 利用示教器创建数字输出信号"do1"，用于机器人输出夹具控制信号，实现夹具的夹紧与放松

● 视 频

工作站逻辑
设定

子任务三　搬运机器人工作站动态效果的仿真

（一）工作站逻辑的设定

在搬运机器人工作站中，需要对机器人与 Smart 组件进行通信设定：将机器人的输出作为 Smart 组件的输入，将 Smart 组件的输出作为机器人的输入。其具体实施步骤如表 5-50。

项目五　搬运机器人工作站动态效果的构建与仿真

表 5-50　搬运机器人与吸盘 Smart 组件的逻辑设定步骤

图　　示	步　　骤
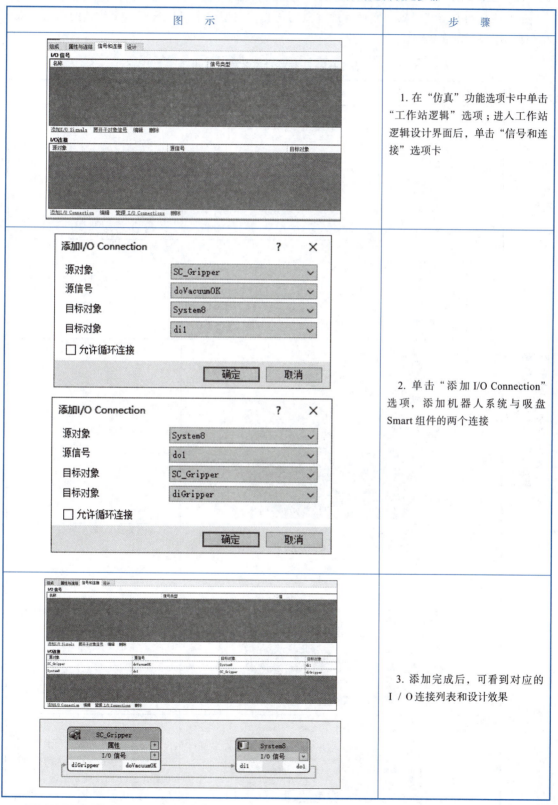	1. 在"仿真"功能选项卡中单击"工作站逻辑"选项；进入工作站逻辑设计界面后，单击"信号和连接"选项卡
	2. 单击"添加 I/O Connection"选项，添加机器人系统与吸盘 Smart 组件的两个连接
	3. 添加完成后，可看到对应的 I／O 连接列表和设计效果

133

（二）工作站动态效果的仿真

在上述基础上编制机器人搬运程序并进行仿真，实现整个机器人搬运工作站的动态效果。其具体实施步骤见表 5-51。

表 5-51　工作站动态效果仿真步骤

图　　示	步　　骤
| ```
PROC main()
    !Add your code here
    MoveAbsJ phome\NoEOffs, v1000, z50, tool0\WObj:=wobj1;
    reg16 := 1;
    WHILE reg16 <= 16 DO
        Routine2;
        reg16 := reg16 + 1;
    ENDWHILE
ENDPROC
PROC xiqu()
    Set do1;
    WaitTime 0.5;
ENDPROC
PROC fangzhi()
    Reset do1;
    WaitTime 0.5;
ENDPROC
``` | 1. 搬运程序的主程序、拾取动作和放置动作子程序如左图所示 |
| ```
PROC Routine2()
    MoveJ Offs(pPick1,nCount1{reg6,1},nCount1{reg6,2},50), v1000, fine, MyNewTool\WObj:=wobj1;
    MoveL Offs(pPick1,nCount1{reg6,1},nCount1{reg6,2},0), v150, fine, MyNewTool\WObj:=wobj1;
    xiqu;
    WaitDI di1, 1;
    MoveL Offs(pPick1,nCount1{reg6,1},nCount1{reg6,2},50), v150, fine, MyNewTool\WObj:=wobj1;
    MoveJ Offs(pPlace1,nCount2{reg6,1},nCount2{reg6,2},50), v150, fine, MyNewTool\WObj:=wobj2;
    MoveL Offs(pPlace1,nCount2{reg6,1},nCount2{reg6,2},0), v150, fine, MyNewTool\WObj:=wobj2;
    fangzhi;
    WaitDI di1, 0;
    MoveL Offs(pPlace1,nCount2{reg6,1},nCount2{reg6,2},50), v150, fine, MyNewTool\WObj:=wobj2;
ENDPROC
``` | 2. 搬运的过程动作子程序如左图所示 |
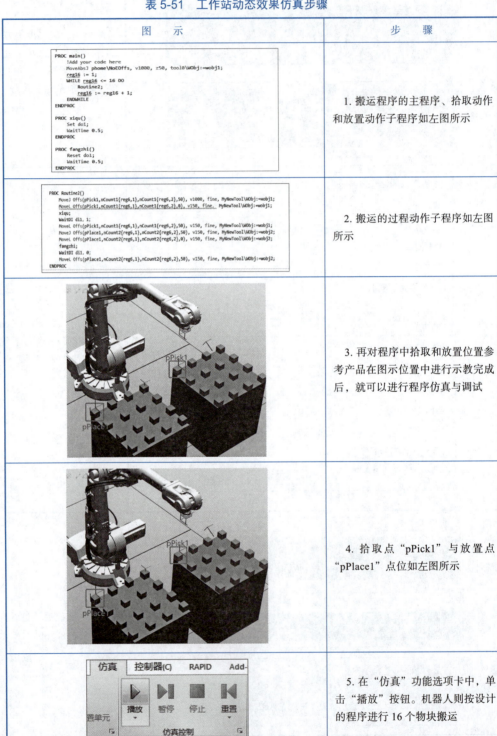	3. 再对程序中拾取和放置位置参考产品在图示位置中进行示教完成后，就可以进行程序仿真与调试
	4. 拾取点"pPick1"与放置点"pPlace1"点位如左图所示
	5. 在"仿真"功能选项卡中，单击"播放"按钮。机器人则按设计的程序进行 16 个物块搬运

● 视　频

搬运仿真结果

项目五 搬运机器人工作站动态效果的构建与仿真

项目评价

本项目将从知识、技能和素养三个方面进行评价,其具体的评价指标参考表5-52。

表5-52 项目评价表

知识、技能和素养	评价指标	评价结果
知识方面(30%)	1. 了解ABB机器人Smart组件; 2. 掌握ABB机器人的Smart组件设置方法; 3. 掌握工业机器人条件逻辑判断指令的应用	自我评价 □A □B □C
		教师评价 □A □B □C
职业技能(50%)	1. 独立创建吸盘Smart组件; 2. 完成吸盘Smart组件的动态效果设计与仿真; 3. 完成ABB机器人搬运的虚拟示教调试与仿真	自我评价 □A □B □C
		教师评价 □A □B □C
职业素养(20%)	1. 感受传统文化的精髓,激发热爱专业、热爱生活的情怀; 2. 培育一丝不苟、爱岗敬业的精神; 3. 客观自我评价	自我评价 □A □B □C
		教师评价 □A □B □C
学生签字:	指导教师签字:	年 月 日

课后阅读

木牛流马建奇功

公元234年,诸葛亮率领了几十万大军,再次出祁山,北上伐魏。魏国派出了司马懿为大都督,率领大军去迎战。诸葛亮带兵打了几次胜仗后,司马懿命令魏军坚守不出,蜀兵每天在阵前叫骂,可他们就是不出战。司马懿想等到蜀军粮食用完,自行退兵时再乘虚出击。司马懿的用意,诸葛亮自然明白。西蜀山路坎坷,不解决粮食运输的问题,蜀军就会不战自退。诸葛亮日日夜夜都在思索这个问题。终于有一天,他想出了一个好方法:用木牛流马来运输粮食,这种木牛流马不仅不吃不喝,而且力气很大,用它来运输粮食,非常便利。诸葛亮马上召来胡忠、杜睿两位将军,拿出一张图纸给他们,要他们带领千名工匠,去葫芦谷制造木牛流马。接着,他又命令马岱带领五百名士兵,守在葫芦谷口,诸葛亮又对马岱说:"工匠不许出来,外边的人不许进去,千万不能走漏了消息。"工匠们忙个不停,诸葛亮几乎每天来查看。杨仪向诸葛亮报告:"粮食快接济不上了,怎么办呀?"诸葛亮说:"没关系,他们在造木牛流马。"过了几天,木牛流马建出来了,蜀军的后顾之忧解决了。司马懿知道后,抢了几匹回来,仿造出两千辆,用来运粮食,诸葛亮派兵攻击,一仗下来,蜀军大胜,共获得一万多石粮食,还有数千匹木牛流马,魏军士气大减,他们再也不敢轻易出战了。

项目六

码垛机器人工作站动态效果的构建与仿真

学习目标

1. 知识目标

（1）了解带输送链的码垛机器人工作站的构成；
（2）掌握常用 Smart 组件的功能及应用；
（3）掌握工业机器人的关键数据及其应用。

2. 技能目标

（1）完成输送链动态效果的构建与仿真；
（2）完成码垛机器人工作站逻辑的设定；
（3）完成码垛机器人工作站关键数据的设定；
（4）完成工业机器人码垛动态效果的构建与仿真。

3. 素养目标

（1）树立正确的人生观、生活观和价值观；
（2）培养遵纪守法的职业素养；
（3）培养良好的沟通能力和客观自我评价的习惯。

项目导入

某企业生产线正进行整线机器换人技术改造，总工程师已根据生产工艺完成总体方案的设计。码垛机器人工作站是其中的一个重要应用。你和同事负责码垛机器人工作站的具体工作，采用仿真技术根据现场搭建码垛机器人仿真环境，完成码垛机器人工作站的动态效果设计。

本项目利用 RobotStudio 仿真软件的建模功能灵活创建码垛加工工件，对机器人及其周围设备进行合理布局，创建了码垛机器人系统，其工作站具体布局如图 6-1 所示。Smart 组件与事件管理器类似，都是 RobotStudio 软件中实现动画效果的功能，但是 Smart 组件要比事件

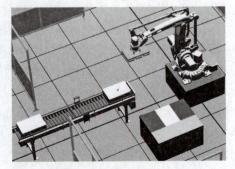

图 6-1 码垛机器人工作站布局

项目六　码垛机器人工作站动态效果的构建与仿真

管理器能够实现更多的动画效果，同时也能够更加高度逼真的模拟现场设备的 I/O 接口与控制逻辑。进一步应用 Smart 组件实现码垛机器人工作站输送链和夹具的动态效果，系统地设计典型机器人码垛工作站的各个环节，是本项目的重点内容。通过项目任务的实施，使学生能够应用 Smart 组件功能设计输送链的运动和检测动态效果，设计夹具的吸附和放置动作，设定码垛机器人工作站逻辑，实现工业机器人码垛工作站的虚拟示教调试与仿真。

项目实现

任务一　码垛机器人工作站系统的创建

本任务中，通过码垛机器人本体、工具的导入，机器人及其周围设备的布局等，系统地创建了码垛机器人工作站，其具体布局见图 6-1 所示。

子任务一　码垛机器人本体及周围设备的创建与布局

首先，利用 RobotStudio 仿真软件基本功能依次导入码垛机器人本体、码垛机器人末端工具，再通过建模工具创建 3D 码垛产品，最后实现对码垛机器人工作站周围设备的布局。具体实施步骤见表 6-1 和表 6-2。

微视频

机器人系统的创建

表 6-1　码垛机器人本体及工具的导入步骤

图　　示	步　　骤
	1. 创建新空工作站，打开"ABB 模型库"选项，选择"IRB 460"
	2. 创建一个长"950"mm，宽"750"mm，高"500"mm 的矩形体

137

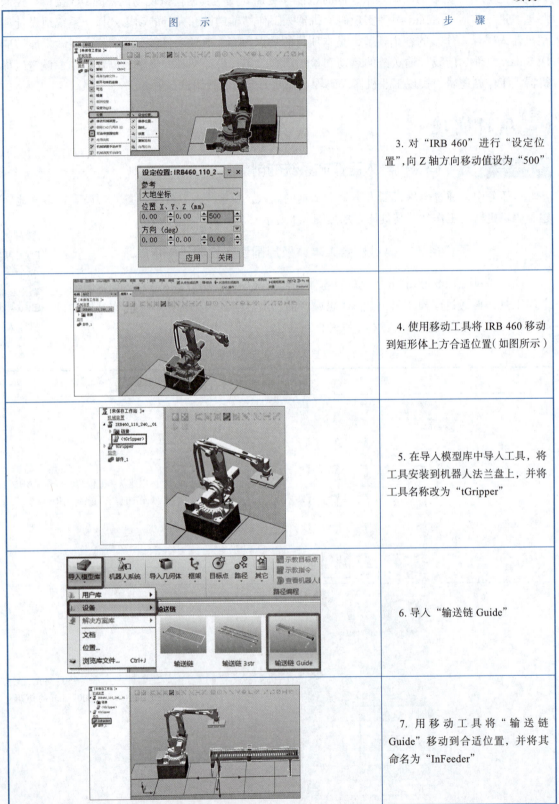

项目六　码垛机器人工作站动态效果的构建与仿真

表 6-2　码垛产品、周围设备的创建和布局步骤

图　示	步　骤
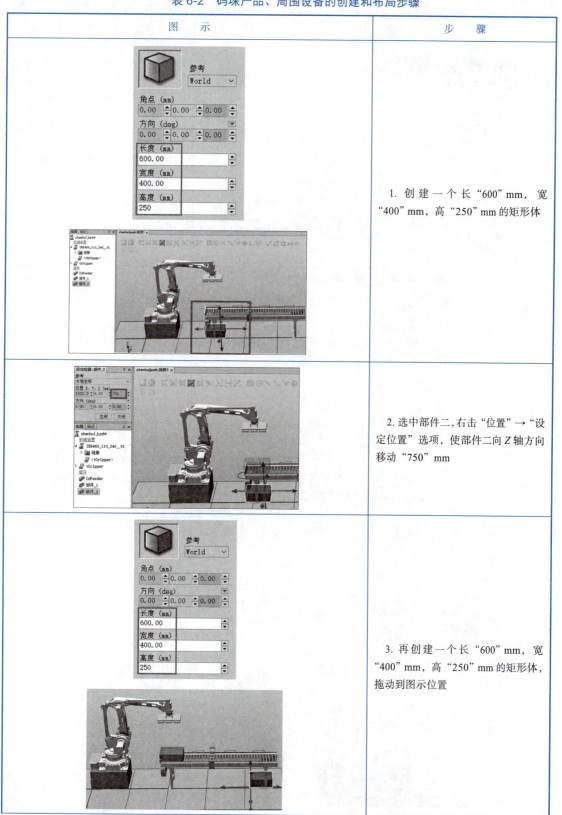	1. 创建一个长"600"mm，宽"400"mm，高"250"mm 的矩形体
	2. 选中部件二，右击"位置"→"设定位置"选项，使部件二向 Z 轴方向移动"750"mm
	3. 再创建一个长"600"mm，宽"400"mm，高"250"mm 的矩形体，拖动到图示位置

续表

图　示	步　骤
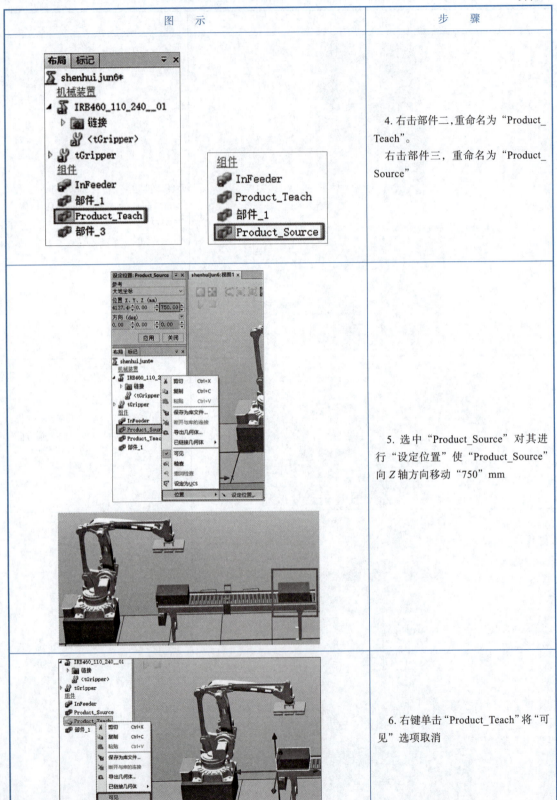	4. 右击部件二，重命名为"Product_Teach"。 右击部件三，重命名为"Product_Source" 5. 选中"Product_Source"对其进行"设定位置"使"Product_Source"向 Z 轴方向移动"750"mm 6. 右键单击"Product_Teach"将"可见"选项取消

项目六 码垛机器人工作站动态效果的构建与仿真

续表

图 示	步 骤
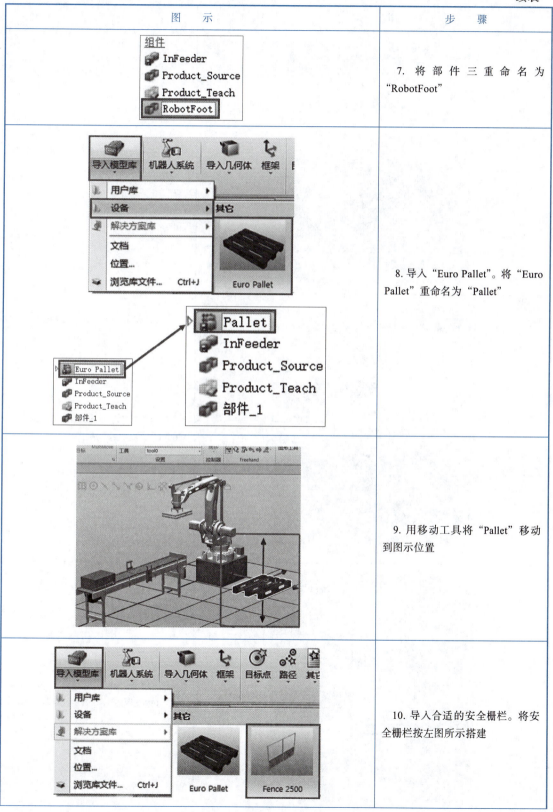	7. 将部件三重命名为"RobotFoot"
	8. 导入"Euro Pallet"。将"Euro Pallet"重命名为"Pallet"
	9. 用移动工具将"Pallet"移动到图示位置
	10. 导入合适的安全栅栏。将安全栅栏按左图所示搭建

141

续表

图 示	步 骤
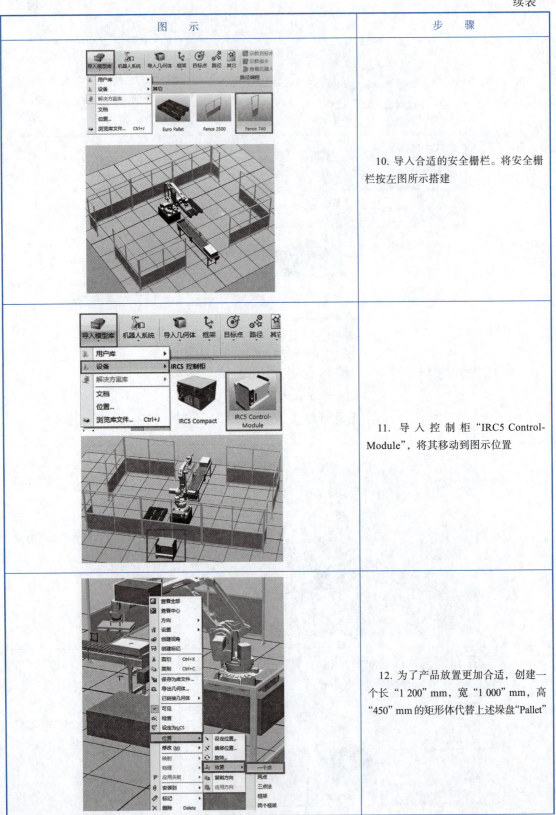	10. 导入合适的安全栅栏。将安全栅栏按左图所示搭建
	11. 导入控制柜"IRC5 Control-Module",将其移动到图示位置
	12. 为了产品放置更加合适,创建一个长"1 200"mm,宽"1 000"mm,高"450"mm的矩形体代替上述垛盘"Pallet"

项目六　码垛机器人工作站动态效果的构建与仿真

续表

图　示	步　骤
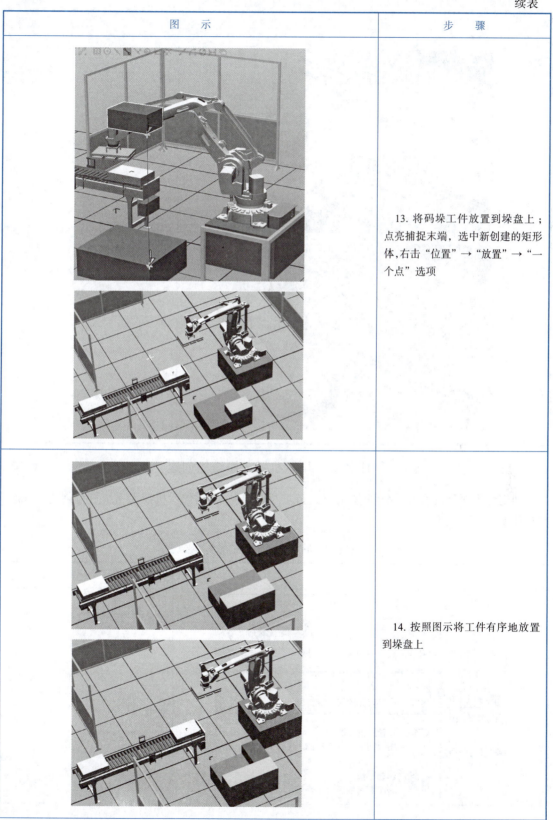	13. 将码垛工件放置到垛盘上；点亮捕捉末端，选中新创建的矩形体，右击"位置"→"放置"→"一个点"选项
	14. 按照图示将工件有序地放置到垛盘上

续表

图　示	步　骤
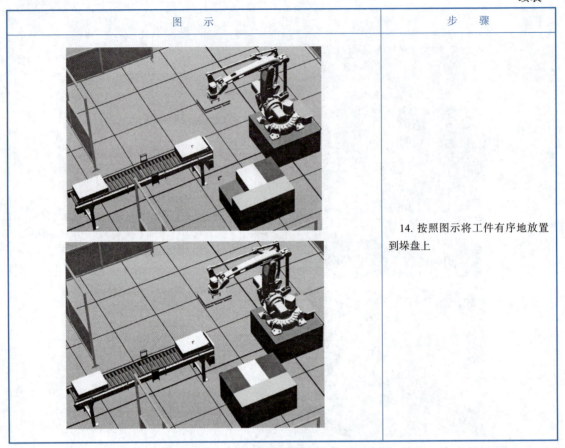	14. 按照图示将工件有序地放置到垛盘上

子任务二　码垛机器人系统的创建

利用前述项目机器人系统创建的方法可以"从布局…"对码垛机器人系统进行创建或修改。其具体实施步骤见表 6-3。

表 6-3　码垛机器人系统的创建步骤

图　示	步　骤
	1. 在"基本"功能选项卡下，单击"机器人系统"的"从布局…"选项

项目六　码垛机器人工作站动态效果的构建与仿真

续表

图　　示	步　　骤
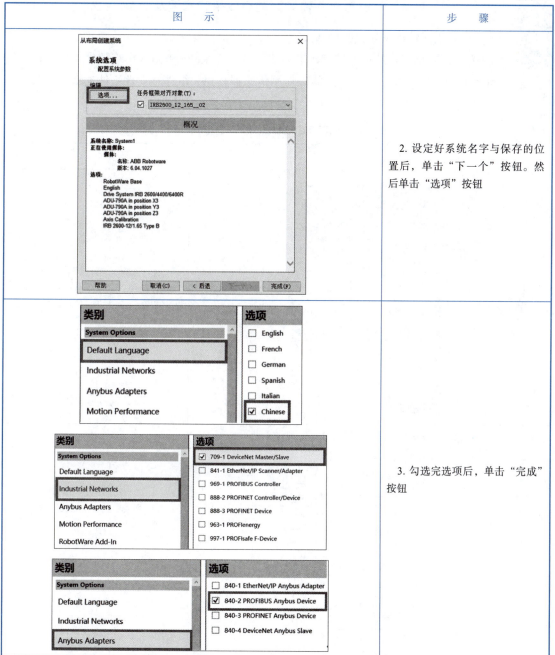	2. 设定好系统名字与保存的位置后，单击"下一个"按钮。然后单击"选项"按钮
	3. 勾选完选项后，单击"完成"按钮

任务二　码垛机器人工作站动态效果的构建及仿真

码垛机器人工作站动态效果的设定包括：（一）应用 Smart 组件设定输送链产品源、输送链运行属性、输送链限位传感器，创建相应的属性与连结，信号和连接，完成输送链动态效果的仿真；（二）进一步创建码垛机器人夹具 Smart 组件并进行类似相关设定，完成夹具动态效果的仿真验证。

145

子任务一 输送链动态效果的构建及仿真

（一）输送链动态效果的构建

为实现码垛工作站传输链的动态效果，需要在RobotStudio仿真软件中创建传输链Smart组件"SC_Infeeder"，并添加检测传感器和相关组件、设计组件连结等。其具体实施步骤见表6-4、表6-5和表6-6。

● 视 频

输送链产品源属性和运动属性的设置

表6-4 传输链Smart组件"SC_Infeeder"的创建步骤

图 示	步 骤
	1. 在"建模"功能选项卡中单击"smart组件"选项，新建一个Smart组件并右击该组件，将其重命名为"SC_InFeeder"
	2. 单击"添加组件"选项卡，选择"动作"列表中的"Source"选项
	3. "Source栏"选择"Product_Teach"，设置完成后单击"应用"按钮

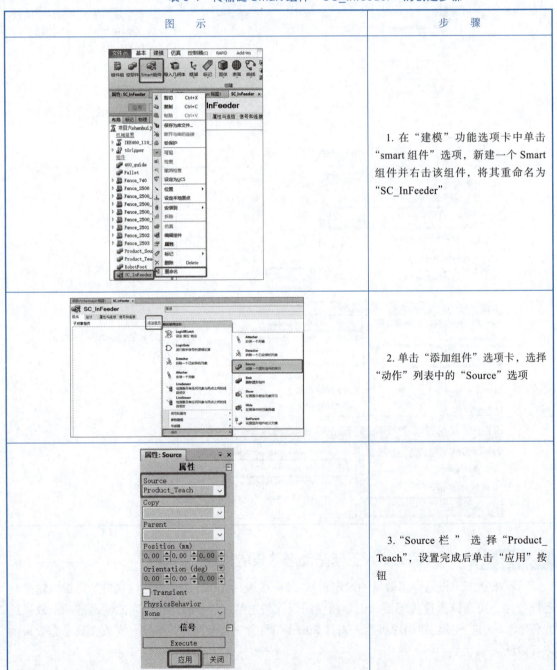

项目六 码垛机器人工作站动态效果的构建与仿真

续表

图 示	步 骤
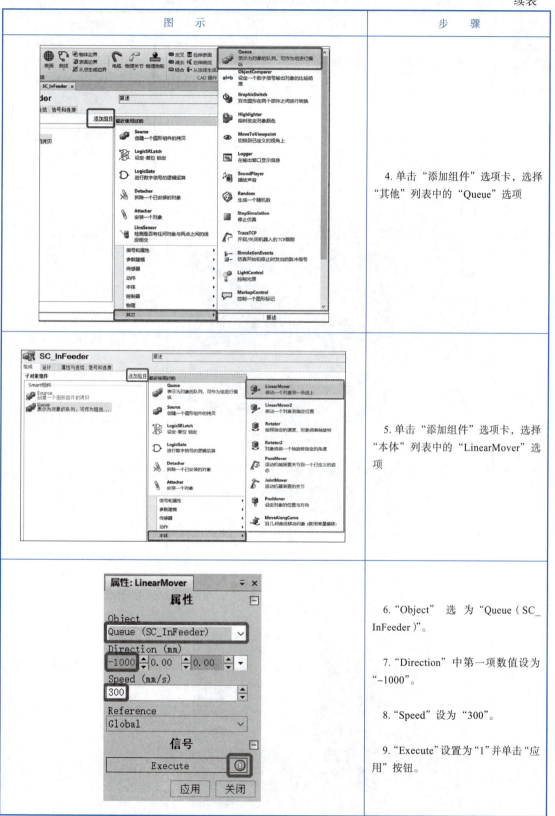	4. 单击"添加组件"选项卡，选择"其他"列表中的"Queue"选项
	5. 单击"添加组件"选项卡，选择"本体"列表中的"LinearMover"选项
	6. "Object"选为"Queue（SC_InFeeder）"。 7. "Direction"中第一项数值设为"-1000"。 8. "Speed"设为"300"。 9. "Execute"设置为"1"并单击"应用"按钮。

147

表 6-5 传感器和相关组件的创建步骤

图　示	步　骤
	1. 单击"添加组件"选项卡，选择"传感器"列表中的"PlaneSensor"选项 2. 选择合适的捕捉方式（如：捕捉末端）。 3. 单击"Origin"输入框。 4. 单击 A 点，作为原点
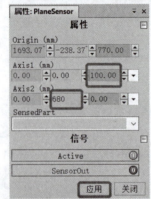	5. 输入图示的数值。 Axis1：X0 Y0 Z100 Axis2：X0 Y680 Z0 6. 单击"应用"按钮。 7. 在输送链末端创建一个面传感器
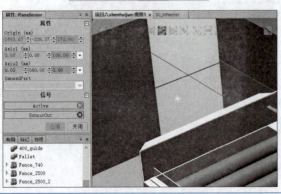	

视　频

传感器的设定

续表

图　示	步　骤
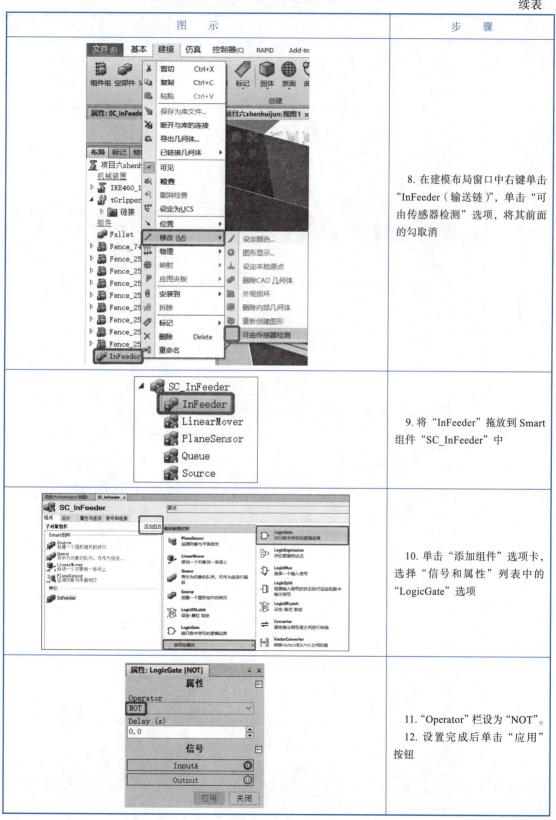	8. 在建模布局窗口中右键单击 "InFeeder（输送链）"，单击"可由传感器检测"选项，将其前面的勾取消
	9. 将"InFeeder"拖放到 Smart 组件"SC_InFeeder"中
	10. 单击"添加组件"选项卡，选择"信号和属性"列表中的"LogicGate"选项
	11. "Operator"栏设为"NOT"。 12. 设置完成后单击"应用"按钮

表 6-6 组件属性、信号、及其连接的设定

● 视 频 ●
属性与信号
的创建

图 示	步 骤
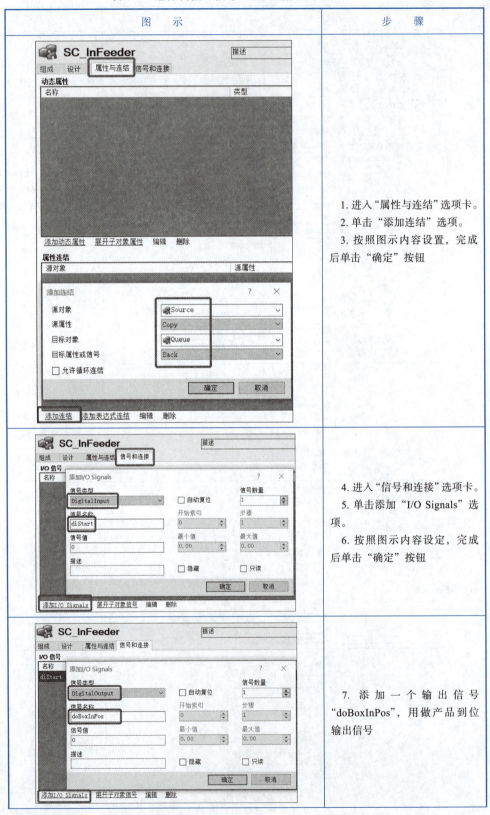	1. 进入"属性与连结"选项卡。 2. 单击"添加连结"选项。 3. 按照图示内容设置，完成后单击"确定"按钮
	4. 进入"信号和连接"选项卡。 5. 单击添加"I/O Signals"选项。 6. 按照图示内容设定，完成后单击"确定"按钮
	7. 添加一个输出信号"doBoxInPos"，用做产品到位输出信号

续表

图　　示	步　　骤
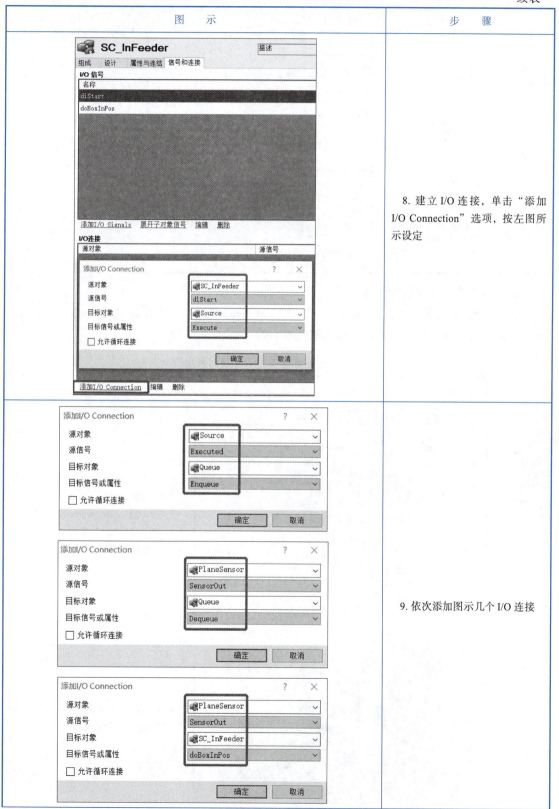	8. 建立 I/O 连接，单击"添加 I/O Connection"选项，按左图所示设定
	9. 依次添加图示几个 I/O 连接

续表

图 示	步 骤
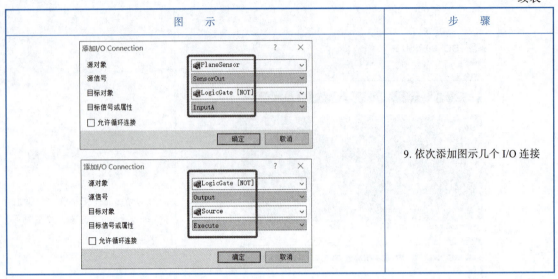	9. 依次添加图示几个 I/O 连接

（二）输送链动态效果的仿真

为了对码垛机器人吸盘 Smart 组件 "SC_InFeeder" 的动态效果进行验证，需利用 RobotStudio 仿真软件进行仿真，具体步骤见表 6-7。

表 6-7 输送链动态效果的仿真步骤

● 视频

输送链动态
效果的仿真

图 示	步 骤
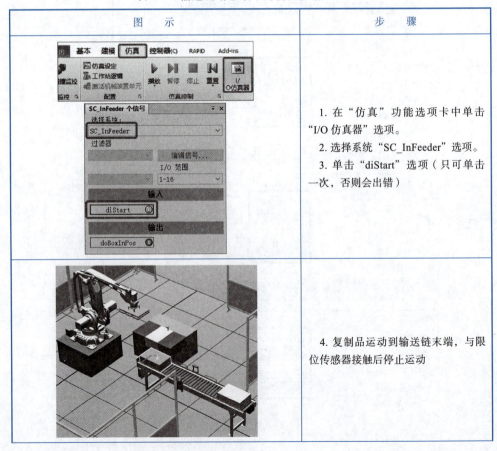	1. 在"仿真"功能选项卡中单击"I/O 仿真器"选项。 2. 选择系统"SC_InFeeder"选项。 3. 单击"diStart"选项（只可单击一次，否则会出错） 4. 复制品运动到输送链末端，与限位传感器接触后停止运动

续表

图 示	步 骤
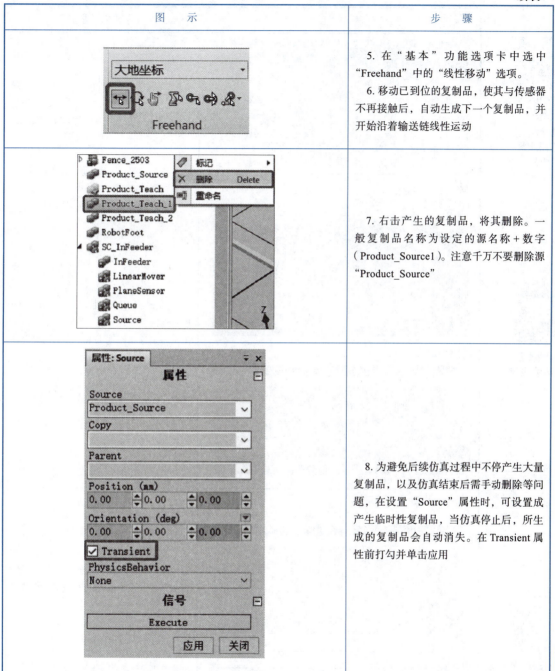	5. 在"基本"功能选项卡中选中"Freehand"中的"线性移动"选项。 6. 移动已到位的复制品，使其与传感器不再接触后，自动生成下一个复制品，并开始沿着输送链线性运动
	7. 右击产生的复制品，将其删除。一般复制品名称为设定的源名称 + 数字（Product_Source1）。注意千万不要删除源"Product_Source"
	8. 为避免后续仿真过程中不停产生大量复制品，以及仿真结束后需手动删除等问题，在设置"Source"属性时，可设置成产生临时性复制品，当仿真停止后，所生成的复制品会自动消失。在 Transient 属性前打勾并单击应用

子任务二　夹具动态效果的构建及仿真

（一）夹具动态效果的构建

类似于搬运工作站吸盘 Smart 组件的设定方法，创建码垛工作站夹具的 Smart 组件"SC_Gripper"、添加相对应的组件和传感器，并对其属性、信号、及其连接进行设定。其具体实施步骤见表 6-8。

表 6-8 夹具动态效果的构建步骤

图 示	步 骤
夹具及检测传感器属性的设定 	1. 传感器数据的设定：根据 Start 数值输入 End 数值，传感器长度设为"100"mm；传感器半径设定为"3"mm
夹具动作及其连结的设定 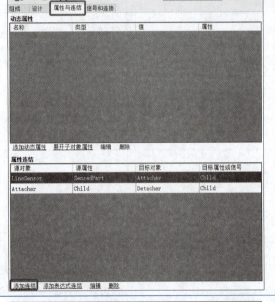	2. 在夹具 Smart 组件"SC_Gripper"中，选择"属性与连结"选项卡，再单击"添加连结"选项；添加的两个属性与连结结果如左图所示
夹具信号与连接的设定 	3. 在夹具 Smart 组件"SC_Gripper"中，选择"信号和连接"选项卡，单击"添加 I/O Signals"选项。添加数字输入信号"diGripper"和数字输出信号"doVacuumOK"
	4. 在"信号和连接"选项卡中单击"添加 I/O Connection"选项，按图设置，共添加七个"I/O Connection"结果如左图所示

项目六　码垛机器人工作站动态效果的构建与仿真

（二）夹具动态效果的仿真

为了对码垛机器人夹具 Smart 组件"SC_Gripper"的动态效果进行验证，需利用 RobotStudio 仿真软件进行仿真，具体步骤见表 6-9。

表 6-9　夹具动态效果的仿真步骤

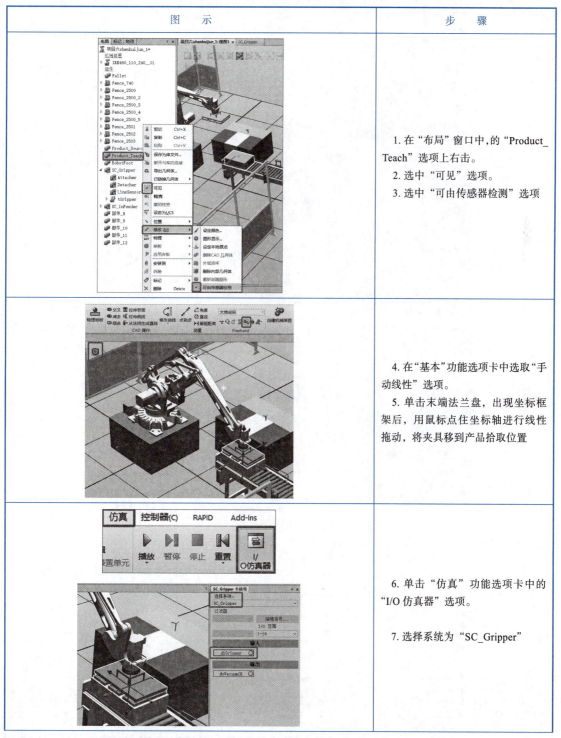

图　　示	步　　骤
	1. 在"布局"窗口中，的"Product_Teach"选项上右击。 2. 选中"可见"选项。 3. 选中"可由传感器检测"选项
	4. 在"基本"功能选项卡中选取"手动线性"选项。 5. 单击末端法兰盘，出现坐标框架后，用鼠标点住坐标轴进行线性拖动，将夹具移到产品拾取位置
	6. 单击"仿真"功能选项卡中的"I/O 仿真器"选项。 7. 选择系统为"SC_Gripper"

续表

图 示	步 骤
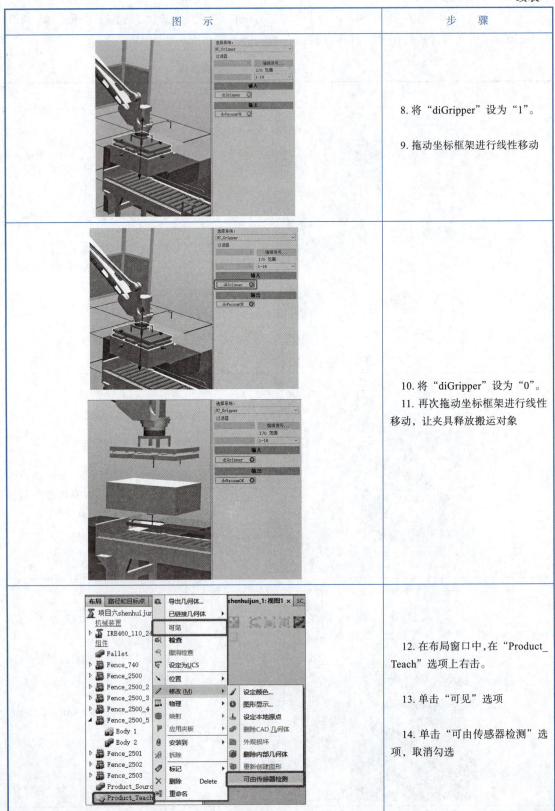	8. 将"diGripper"设为"1"。 9. 拖动坐标框架进行线性移动 10. 将"diGripper"设为"0"。 11. 再次拖动坐标框架进行线性移动,让夹具释放搬运对象 12. 在布局窗口中,在"Product_Teach"选项上右击。 13. 单击"可见"选项 14. 单击"可由传感器检测"选项,取消勾选

任务三　码垛机器人工作站逻辑设定

在工作站中，往往需要设定 Smart 组件与工业机器人端的信号通信，以实现整个工作站的动态仿真效果。在码垛机器人工作站中，将创建机器人系统信号（di1、di2 和 do1），再将其与 Smart 组件的输入输出信号相关联。

子任务一　码垛机器人系统信号的创建

在码垛机器人工作站中，将创建机器人系统信号（di1, di2，和 do1）与 Smart 组件相关联，信号之间具体连接如下：

（1）将机器人系统 System16 的 do1 与 SC_Gripper 的 diGripper 连接。
（2）将 SC_Infeeder 的 doBoxInPos 与机器人系统 System16 的 di1 连接。
（3）将机器人系统 System16 的 di2 与 SC_Gripper 的 doVacuumOK 连接。

机器人系统信号名称及其说明见表 6-10，信号的创建步骤则见表 6-11。

表 6-10　机器人系统输入输出信号名称以及说明

序　号	信号名称	描　述
1	di1	数字输入信号，用作产品到位信号
2	di2	数字输入信号，用作真空反馈信号
3	do1	数字输出信号，用作控制真空吸盘动作

表 6-11　机器人系统信号的创建步骤

图　示	步　骤
	1. 在"控制器"功能选项卡下，单击"配置"，选择"I/O System"选项
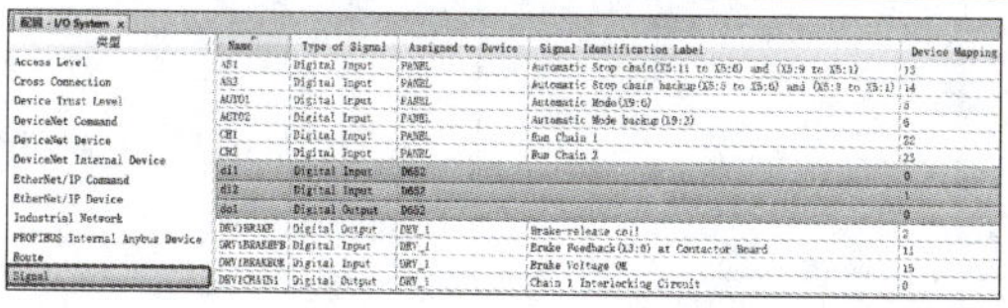	2. 创建机器人信号后，可双击"Signal"选项，查看已定义的三个 I/O 信号如左图所示

子任务二　工作站逻辑设定

工作站逻辑设定：将 Smart 组件的输入输出信号与工业机器人端的输入输出信号做信号关联。Smart 组件的输出信号作为工业机器人的输入信号，工业机器人的输出信号作为 Smart 组件的输入信号，可以将 Smart 组件当作一个与工业机器人进行 I/O 通信的 PLC 来对待。

根据工业机器人工作站逻辑设定的方法，将码垛机器人系统信号（di1，di2，和 do1）与输送链、夹具 Smart 组件信号（doBoxInPos，diGripper，doVacuumOK）相关联，其具体实施步骤见表 6-12。

视频●┄┄
工作站逻辑
的设定

表 6-12 工作站逻辑设定步骤

图 示	步 骤
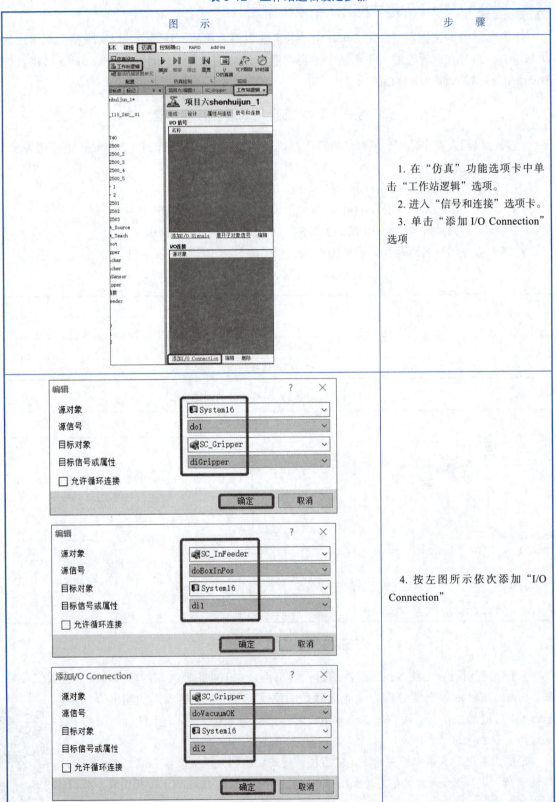	1. 在"仿真"功能选项卡中单击"工作站逻辑"选项。 2. 进入"信号和连接"选项卡。 3. 单击"添加 I/O Connection"选项 4. 按左图所示依次添加"I/O Connection"

项目六　码垛机器人工作站动态效果的构建与仿真

任务四　码垛机器人的虚拟示教编程与仿真

本任务中，类似项目五利用数组来存放码垛加工工件的位置信息，为后续优化程序结构作铺垫；梳理并设定码垛机器人工作站关键程序数据，包括码垛机器人工具数据、码垛机器人有效载荷和码垛机器人位置数据；最后对整个工作站关键程序设计点进行编制，实现码垛机器人工作站的动态效果仿真。

子任务一　码垛机器人关键数据的设定

（一）码垛机器人工具数据的设定

工具数据 tooldata 用于描述安装在机器人第六轴上的工具的 TCP、质量、重心等参数数据。码垛机器人工具质量为 20 kg，重心基于 tool0 在 z 方向偏移 227 mm，TCP 点基于 tool0 在 z 方向偏移 300 mm，具体参数说明见表 6-13，实施步骤见表 6-14。

表 6-13　工具数据参数说明

序号	参数名		设定值
1	mass		20
2	trans	x	0
3	trans	y	0
4	trans	z	300
5	cog	x	0
6	cog	y	0
7	cog	z	227

表 6-14　码垛机器人工具数据的设定步骤

图　　示	步　　骤
	1. 在创建好机器人系统的基础上，我们要创建工件坐标和程序数据，先单击"同步到 RAPID"选项
	2. 将选项全部选中
	3. 同步好后打开示教器，切换到手动状态，依次单击"手动操纵"→"工具坐标"→"tGripper"→"更改值"选项

159

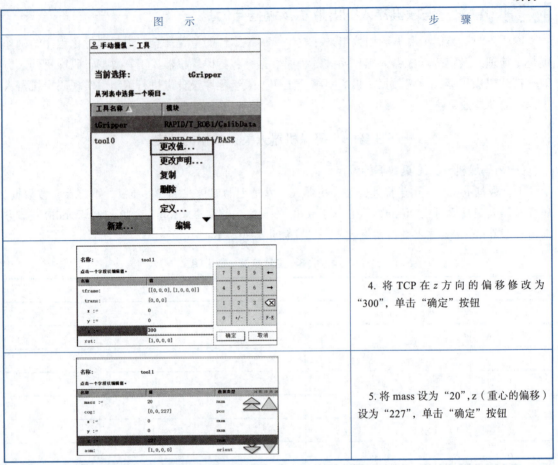

图 示	步 骤
	4. 将 TCP 在 z 方向的偏移修改为"300",单击"确定"按钮
	5. 将 mass 设为"20",z(重心的偏移)设为"227",单击"确定"按钮

(二)码垛机器人有效载荷的设定

对于码垛工业机器人,必须正确设定夹具的质量、重心 tooldata 以及码垛对象的质量和重心数据 loaddata,其重心 tooldata 数据是基于码垛工业机器人法兰盘中心 tool0 来设定。其具体设定步骤见表 6-15。

表 6-15 码垛机器人有效载荷的设定步骤

图 示	步 骤
	1. 进入"手动操纵"界面,选择"有效载荷"选项,单击左下角"新建…"按钮

续表

图 示	步 骤
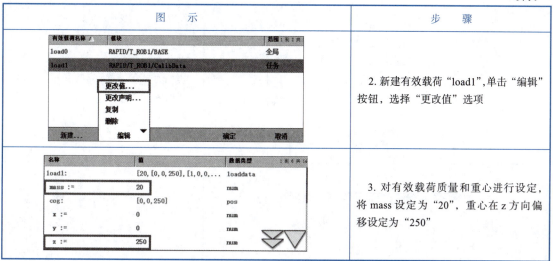	2. 新建有效载荷"load1",单击"编辑"按钮,选择"更改值"选项
	3. 对有效载荷质量和重心进行设定,将 mass 设定为"20",重心在 z 方向偏移设定为"250"

（三）码垛机器人位置数据的设定

在本任务中,定义码垛位置数组 nPosition 用于存放产品的位置（针对参考产品位置在 x、y 方向上的偏移量,以及产品排列方向的旋转角度）。由于共有 5 块物料,考虑产品的排列方向差异,所以定义的码垛位置数组为 num nPosition{5,4},其具体设定步骤见表 6-16,具体数据则可描述如下：

num nPosition={[0,0, 0, 0], [-600, 0, 0,0], [100, -500, 0, -90],
[-300, -500, 0, -90], [-700, -500, 0, -90]}

码垛位置
数据的设定

表 6-16 码垛机器人位置数据的设定步骤

图 示	步 骤
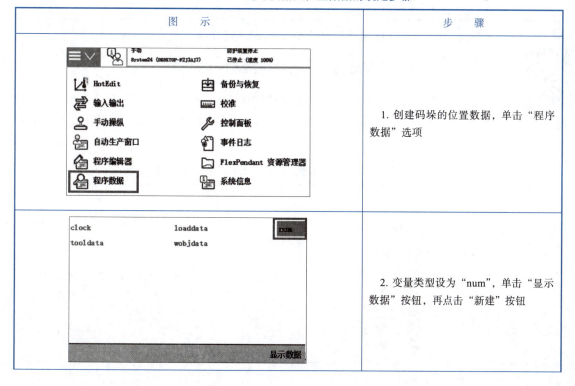	1. 创建码垛的位置数据,单击"程序数据"选项
	2. 变量类型设为"num",单击"显示数据"按钮,再点击"新建"按钮

续表

图 示	步 骤
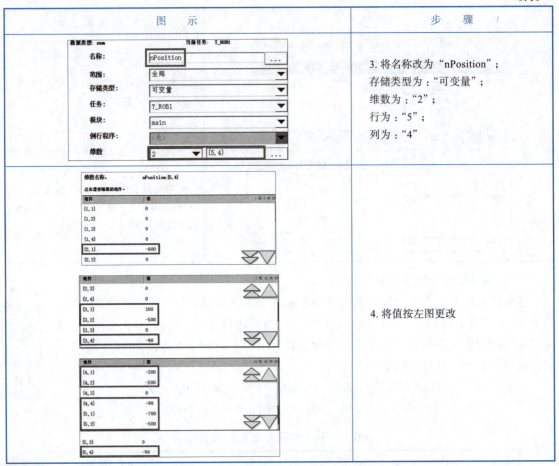	3. 将名称改为"nPosition"； 存储类型为："可变量"； 维数为："2"； 行为："5"； 列为："4"
	4. 将值按左图更改

此外，还需定义程序循环控制变量 nCount，其存储类型为可变量。

子任务二　码垛机器人的程序编制

● 视　频

码垛程序的
设计与仿真

在码垛机器人工作站程序关键数据创建的基础上，进行码垛机器人关键程序设定点的编制，主要实现码垛机器人位置数据 nPosition 在程序中的引用，其具体实施步骤见表 6-17。

表 6-17　码垛机器人位置数据引用的实施步骤

图 示	步 骤
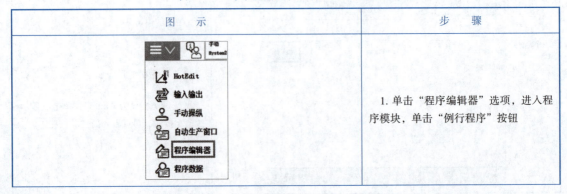	1. 单击"程序编辑器"选项，进入程序模块，单击"例行程序"按钮

续表

图　　示	步　　骤
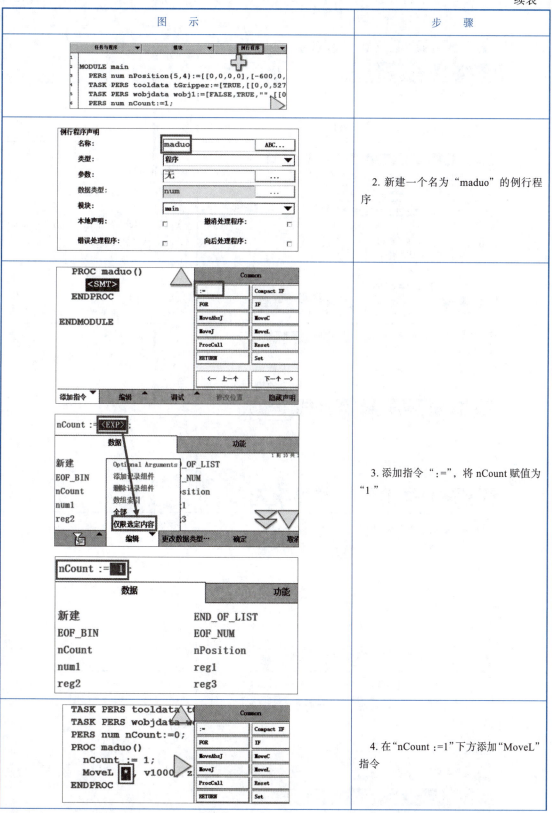	2. 新建一个名为"maduo"的例行程序
	3. 添加指令":=",将 nCount 赋值为"1"
	4. 在"nCount :=1"下方添加"MoveL"指令

续表

图 示	步 骤
	5. 进入位置点 *,依次选择"功能"→"RelTool"选项
	6. 选中"RelTool"指令,单击"Optional Arguments"修改申明
	7. 单击"[\Rz]"使用 z 轴的旋转
	8. 选择"p20"
	9. 单击"nPosition"

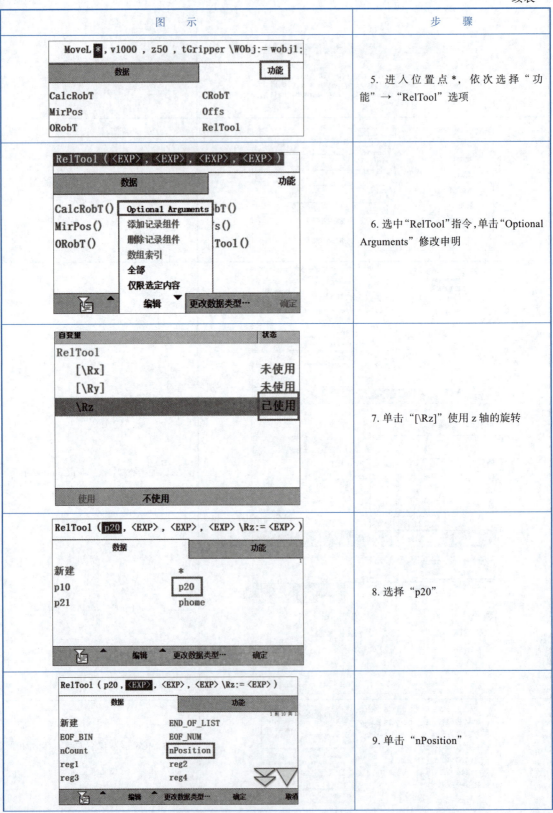

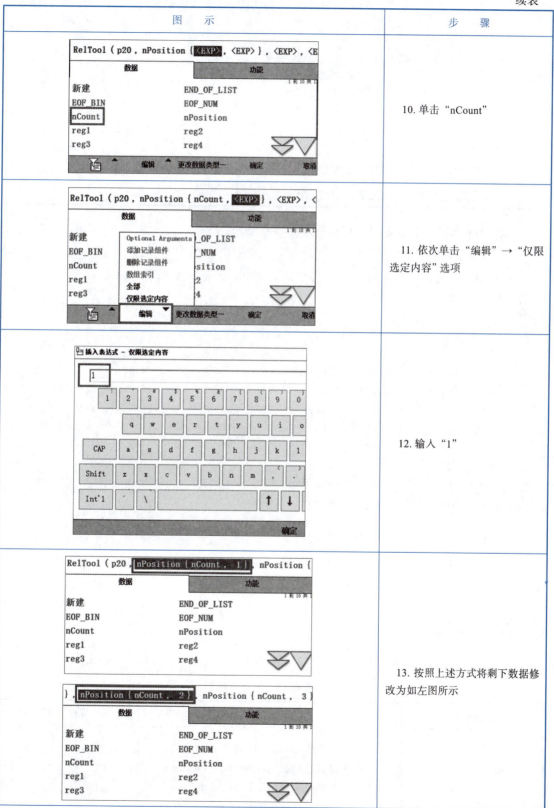

续表

图 示	步 骤
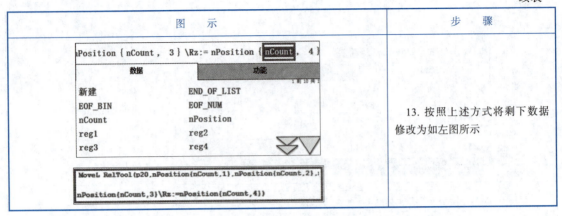	13. 按照上述方式将剩下数据修改为如左图所示

单层码垛机器人工作站的核心码垛程序可参考如下：

```
PROC maduo()
    MoveJ Offs(p10,0,0,-150), v500, fine, tGripper\WObj:=wobj1;
    WaitDI di1, 1;
    MoveL p10, v200, fine, tGripper\WObj:=wobj1;
    xq;  //夹具拾取动作
  WaitDI di2, 1;
  MoveL Offs(p10,0,0,-150), v200, fine, tGripper\WObj:=wobj1;
  MoveJ RelTool(p20,nPosition{nCount,1},nPosition{nCount,2},nPosition{nCount,3} \Rz:=nPosition{nCount,4}+50), v500, fine, tGripper\WObj:=wobj1;
  MoveL RelTool(p20,nPosition{nCount,1},nPosition{nCount,2},nPosition{nCount,3} \Rz:=nPosition{nCount,4}), v200, fine, tGripper\WObj:=wobj1;
    fq;  //夹具放置动作
    MoveL RelTool(p20,nPosition{nCount,1},nPosition{nCount,2},nPosition{nCount,3} \Rz:=nPosition{nCount,4}+50), v200, fine, tGripper\WObj:=wobj1;

    ENDPROC
```

采用类似项目五的方法对码垛机器人工作站进行仿真，可以实现码垛机器人工作站的动态效果。

项目评价

本项目将从知识、技能和素养三个方面进行评价，其具体的评价指标参考表6-18。

表6-18 项目评价表

知识、技能和素养	评价指标	评价结果
知识方面（30%）	1. 了解 ABB 机器人码垛机器人构建方法； 2. 掌握 ABB 机器人的常用 Smart 组件设置方法； 3. 掌握工业机器人关键数据的设定及应用	自我评价 □A □B □C 教师评价 □A □B □C

项目六　码垛机器人工作站动态效果的构建与仿真

续表

知识、技能和素养	评价指标	评价结果
职业技能（50%）	1. 独立创建输送链 Smart 组件、设定输送链产品源、运动属性、限位传感器； 2. 创建输送链 Smart 组件的属性与连结、信号和连接； 3. 完成码垛机器人工作站逻辑设定； 4. 完成 ABB 机器人码垛的虚拟示教调试与仿真	自我评价 □ A　□ B　□ C 教师评价 □ A　□ B　□ C
职业素养(20%)	1. 树立正确的人生观、生活观和价值观； 2. 培养遵纪守法的职业素养； 3. 客观自我评价	自我评价 □ A　□ B　□ C 教师评价 □ A　□ B　□ C
学生签字：	指导教师签字：	年　月　日

课后阅读

机器人产业迎来跨越发展窗口期，高端化、国产化进程将加速

2021年12月28日，工业和信息化部、国家发展改革委员会等15个部门联合发布了《"十四五"机器人产业发展规划》（以下简称《规划》），机器人产业迎来升级换代、跨越发展窗口期。

随着我国人口老龄化加剧和出生率的持续走低，致使进入生产体系的劳动力越来越少、劳动力缺口加大，持续走高的劳动成本成为不可忽视的社会现实。在人口老龄化的大背景下，机器人将肩负起补充劳动力的重要任务。一是机器人可作为新的劳动力进入制造业。随着人工智能和传感电子等先进技术的应用，工业机器人将更加智能化和自动化，成为制造业新的劳动力；二是目前工业机器人的使用成本仅为人工的23%，意味着使用工业机器人将大幅降低企业的制造成本，人力成本不断上升的同时机器人价格呈现下降趋势，机器替换人工的经济性已经显现，从中长期来看机器人行业市场潜力较大。

机器人被誉为"制造业皇冠顶端的明珠"，其研发、制造、应用是衡量一个国家科技创新和高端制造业水平的重要标志，但目前我国机器人产业面临核心零部件"卡脖子"、产品低端化等问题。近年来，我国人工智能技术快速发展，图像识别、语音识别、语义识别等多模态人机交互技术已经接近或达到全球领先水平，为智能机器人演进提供了坚实的基础，机器人产业迎来升级换代、跨越发展的窗口期。

技术突破机遇期来临，我们应尽快建立健全创新体系，加快机器人自主创新步伐。《规划》明确，到2025年，一批机器人核心技术和高端产品取得突破，整机综合指标达到国际先进水平，关键零部件性能和可靠性达到国际同类产品水平。机器人产业营业收入年均增速超过20%。当务之急是要加强核心技术攻关，以贯通创新链为重点、完善产业创新体系。针对基础性研究，各地结合产业发展需要，推动机器人基础研究与生命科学、纳米科学、材料科学、数字科学等进行跨学科融合创新，促进创新链和产业链精准对接。针对工程化研发，积极探索"揭榜挂帅""链长制"等创新组织形式，鼓励和支持用户企业参与机器人前沿、共性技术的工程化研发，科学统筹优势资源，集中力量协同攻关。针对平台化支撑，发挥机器人重点实验室、工程（技术）研究中心、创新中心等平台作用,提升科技成果转移转化能力,打造一批工业机器人关键技术试验验证平台。

以产业基础再造为抓手,提升产业链整体水平。集中力量补短板,实现"点"上突破。实施机器人关键基础提升行动,突破高性能减速器、高性能伺服驱动系统、智能控制器、智能一体化关节、智能传感器、智能末端执行器等核心零部件"卡脖子"技术。推动产业链创新资源整合,增强"链"上韧性。鼓励国内机器人本体企业与核心零部件企业、用户企业进行产业链上下游纵向联合、整合,共同推动关键核心技术和基础共性技术、高端整机产品和核心零部件的创新研发、验证和产业化应用。加强高端产品供给能力,提升"面"上竞争力。实施机器人创新产品发展行动,以新供给创造新需求,加快丰富机器人产品种类,提升性能、质量和安全性,推动产品高端化智能化绿色化发展。

以"机器人+"应用为牵引,拓展产业发展空间。《规划》明确,实施"机器人+"应用行动,推进机器人典型应用场景开发。这意味着"十四五"期间,我国将面向产业转型和消费升级需求,深耕行业应用、拓展新兴应用、做强特色应用。机器人企业可根据产品优势不同确定未来产品转型方向——在汽车、电子、机械、仓储物流、智能家居等已形成较大规模应用的领域,着力开发和推广机器人新产品,深入推进智能制造、智慧生活。在矿山、农业、电力、应急救援、医疗康复等初步应用和潜在需求比较旺盛的领域,开发机器人产品和解决方案,开展试点示范,拓展应用空间。在卫浴、陶瓷、五金、家具等特定细分场景、环节及领域,形成专业化、定制化解决方案并复制推广,打造特色服务品牌。值得重点关注的是,在工业机器人方面,重点研制面向汽车、航空航天等领域的高精度、高可靠性焊接机器人,面向半导体行业的真空(洁净)机器人,面向汽车零部件等领域的协作机器人等。服务机器人方面,重点研制果园除草、精准植保、采摘收获等农业机器人,采掘、巡检等矿业机器人,手术、护理等医疗康复机器人,以及包括讲解导引、配送在内的公共服务机器人等。

项目七

搬运机器人工作站现场编程与调试

学习目标

1. 知识目标

(1) 熟悉工业机器人的操作安全知识;
(2) 熟悉工业机器人的坐标系相关知识;
(3) 掌握工业机器人工作站的构建和调试方法。

2. 技能目标

(1) 具备安全规范操作工业机器人的能力;
(2) 具备工业机器人工作站系统周边设备级联能力;
(3) 具备机器人系统编程与在线示教能力;
(4) 具备工业机器人工作站系统集成编程与调试能力。

3. 素养目标

(1) 具备工业机器人岗位职业操守及安全防范意识;
(2) 具有团队协作意识和沟通能力;
(3) 具备爱岗敬业、积极乐观、精益求精的职业精神。

项目导入

物料搬运是一项存在于各行各业间的日常工作,时常受到人员、成本及效率等因素的限制,在这样的情况下,搬运机器人便应运而生。搬运机器人是工业机器人的一种,其顾名思义是将物品由某一位置搬运至其他位置的一种自动搬运设备。搬运机器人是近代自动控制领域出现的一项高新技术,涉及力学、机械学、电器液压气压技术、自动控制技术、传感器技术、计算机技术等学科领域,已成为现代机械制造生产体系中的一项重要组成部分。

由于搬运机器人具有快速高效、稳定性高,且灵活精准、操作简单等特点,被广泛应用于3C电子、食品、化工、医药等行业中,主要用于袋装、箱装、灌装等物品搬运,降低了工人劳动强度,提高了生产效率,搬运机器人还可以用来搬运危险物品,如放射性物质、有毒物质等。

在工业自动化生产中,无论是单机、组合机床或者是自动化生产的流水线,都可以用工业机器人来完成工件的取放作业。搬运机器人可安装不同的末端执行器以完成各种不同形状和状态的工件搬运,其工作是将位置 A 上的工件或物品搬运到位置 B 上,通过编程能准确完成各种预期的自动化搬运作业任务,大大减轻了人类繁重的体力劳动,实现现代生产的自动化、智能化、无人化。如图 7-1 所示,搬运机器人按结构形式可分为龙门式搬运机器人、悬臂式搬运机器人、侧壁式搬运机器人、摆臂式搬运机器人和关节式搬运机器人。

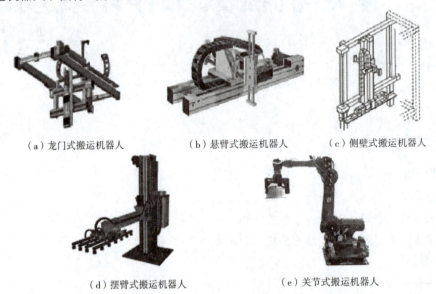

(a)龙门式搬运机器人　　(b)悬臂式搬运机器人　　(c)侧壁式搬运机器人

(d)摆臂式搬运机器人　　(e)关节式搬运机器人

图 7-1　搬运工业机器人类型

本项目以工业机器人完成冲压上下料物料的搬运为例,如图 7-2 所示,通过工业机器人搬运工作站的布局、周边设备的配置、工件坐标、工具坐标的创建、机器人运动轨迹的创建、工业机器人离线编程在线示教、程序导入等步骤,实现典型搬运工作站的构建及在线调试。通过项目任务的实施,学生能够了解工业机器人的系统集成与调试,综合运用 PLC、触摸屏等设备完成机器人搬运工作站的系统连接,掌握工业机器人在线编程及调试技术,完成搬运作业系统调试。

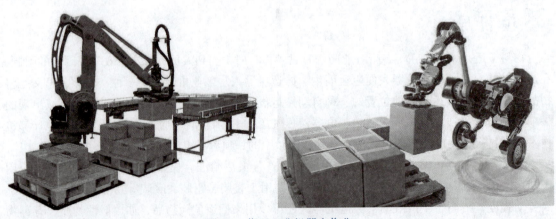

图 7-2　搬运工业机器人作业

项目七 搬运机器人工作站现场编程与调试

任务一　搬运机器人工作站系统集成

本任务包括了解搬运机器人工作站控制系统构成，熟悉搬运任务，规划设计工作流程。

子任务一　搬运机器人工作站控制系统构成

搬运机器人工作站控制系统主要由 PLC 控制器模块、工业机器人模块、物料搬运模块构成，每个模块分别介绍如下：

（一）PLC 控制器模块

搬运机器人工作站控制系统采用西门子 SIMATIC S7-1200 系列 PLC。S7-1200 是一款紧凑型、模块化的 PLC，可完成简单逻辑控制、高级逻辑控制、HMI 和网络通信等任务。集成的 PROFINET 接口用于编程、HMI 通信和 PLC 间的通信，通过开放的以太网协议支持与第三方设备的通信。该接口提供 10/100 Mbit/s 的数据传输速率，支持以下协议：TCP/IP native、ISO-on-TCP 和 S7 通信。最大的连接数为 15 个。SIMATIC S7-1200 控制器带有 6 个高速计数器，其中 3 个输入为 100 kHz，3 个输入为 30 kHz，用于计数和测量。SIMATIC S7-1200 控制器集成了两个 100 kHz 的高速脉冲输出，用于步进电机或伺服驱动器的速度和位置控制。控制系统配置西门子触摸屏监控与操作。

（二）工业机器人模块

工业机器人模块由机器人本体、示教器和控制系统组成。本项目采用 ABB IRB 1410 工业机器人构成搬运控制系统，如图 7-3 所示。工业机器人示教器的主要操作按键说明如图 7-4 所示，示教器控制工具夹爪的操作示意图如图 7-5 所示。ABB IRB 1410 工业机器人的主要技术参数见表 7-1。

图 7-3　ABB IRB 1410 工业机器人搬运控制系统

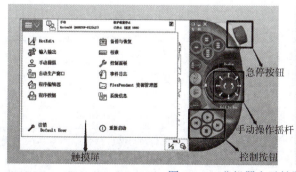
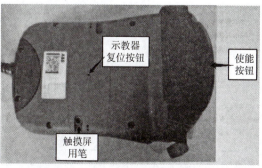

图 7-4　工业机器人示教器主要操作按键说明

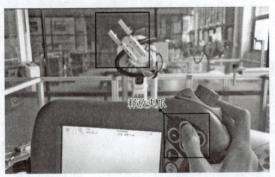 

图 7-5　示教器控制工具夹爪的操作示意图

表 7-1　ABB IRB1410 工业机器人技术参数

型号	IRB1410
负载能力	5 kg
到达距离	1.44 m
控制轴	6 轴
重复定位精度	0.02 mm
集成信号源	手腕设 12 路信号
集成气路	手腕设 4 路空气，最高 8 bar（1 bar=10^5 Pa）
最大动作范围	J1 轴臂旋转	+170°/−170°
	J2 轴臂前后	+70°/−70°
	J3 轴臂上下	+70°/−65°
	J4 轴腕旋转	+150°/−150°
	J5 轴腕弯曲	+115°/−115°
	J6 轴腕扭转	+300°/−300°
最大动作速度	J1 轴臂旋转	105（°）/S
	J2 轴臂前后	105（°）/S
	J3 轴臂上下	105（°）/S
	J4 轴腕旋转	280（°）/S
	J5 轴腕弯曲	280（°）/S
	J6 轴腕扭转	280（°）/S
总高	1 793 mm
本体底座	620 mm × 450 mm
环境温度	5～45 ℃
安装条件	地面安装、悬吊安装
防护等级	IP54
本体质量	225 kg
电源电压	200～600 V, 50 Hz/60 Hz
额定功率/变压器额定值	4 kV·A/7.8 kV·A

（三）物料搬运模块

冲压上下料物料搬运工作台如图 7-6 所示。主要包含物料暂存模块、冲压上下料模块和光电传感器三个子模块。

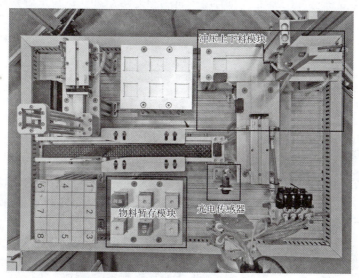

图 7-6　冲压上下料物料搬运工作台

（1）物料暂存模块：每套物料暂存模块有 2 行 3 列共 6 个仓位，用于暂存上下料模块组装用的工件。

（2）冲压上下料模块：上下料模块包含一套模拟冲压加工设备，图 7-7（a）可实现物料的入料、冲压和出料动作。为判断上料位和下料位是否有物料，采用漫反射型光电传感器实现检测，如图 7-7（b）所示。

（a）冲压上下料模块

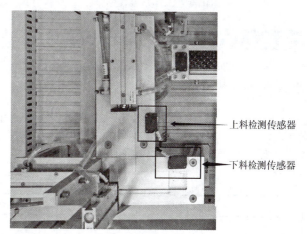
（b）传感器模块

图 7-7　冲压上下料

（3）光电传感器：光电传感器是将光信号转换为电信号的一种器件。其工作原理基于光电效应。光电效应是指光照射在某些物质上时，物质的电子吸收光子的能量而发生了相应的电效应现象。

子任务二 搬运机器人工作站任务

搬运机器人工作站的主要任务如下：机器人到达初始位置，当料仓有料时，抓取工件，进行检测判断是否需要进行冲压加工，如需加工将物料搬运至冲压工位；否则直接放入物料区。具体流程图如图 7-8 所示。搬运机器人工作站流程图如图 7-9 所示。

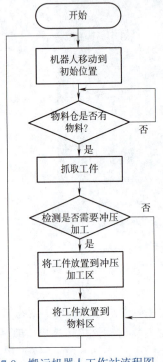

图 7-8 搬运机器人工作站流程图

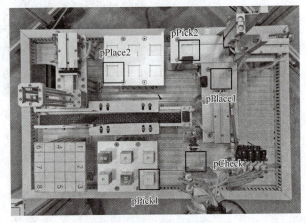

图 7-9 搬运机器人工作点位

任务二 搬运工作站设备组态

搬运机器人工作站设备组态任务主要包括 PLC 变量设置，触摸屏的组态以及 PLC 程序的编写，是系统控制组成的重要内容。

视频
PLC 硬件组态与程序设计

子任务一 PLC 变量设置

按表 7-2 所示设置 PLC 所需的变量。

表 7-2 PLC 变量表定义

输入	作用	输出	作用	继电器	作用
I0.5	工件到位检测 1	Q0.5	红灯	M2.0	显示器画面启动按钮
I0.6	工件到位检测 2	Q0.7	绿灯	M2.1	显示器画面停止按钮
I0.7	工件到位检测 3	Q2.1	气缸 1	M2.2	冲压模块气缸控制
I1.2	气缸 1 伸出限位	Q2.2	气缸 2	M2.3	冲压模块顺序启停
I1.4	气缸 2 伸出限位	Q2.3	气缸 3	M3.1	气缸 1 断电自锁
I2.0	气缸 3 伸出限位	Q3.1	机器人信号 DI10	M3.2	气缸 2 断电自锁
		Q3.2	机器人信号 DI11	M3.3	气缸 3 断电自锁

子任务二 PLC 及 HMI 设备组态

参考表 7-3 所示步骤，进行 PLC 及 HMI 设备的组态。

表 7-3 PLC 及 HMI 设备组态

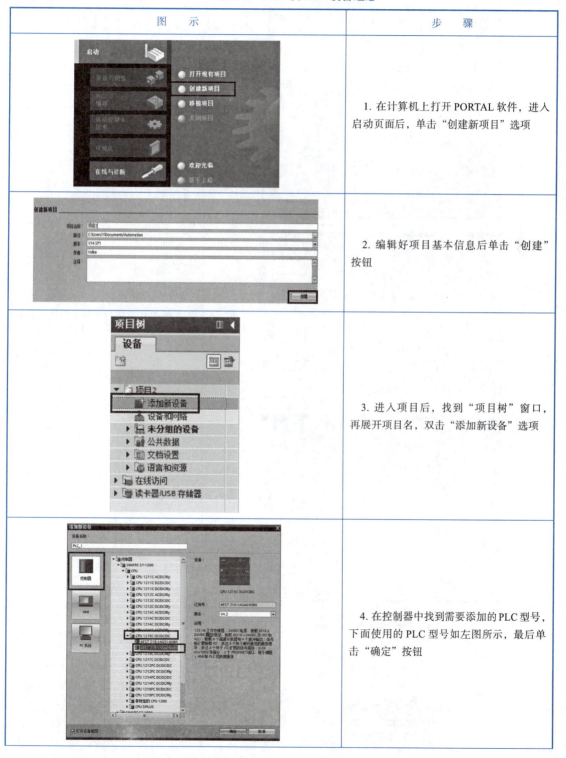

图 示	步 骤
	1. 在计算机上打开 PORTAL 软件，进入启动页面后，单击"创建新项目"选项
	2. 编辑好项目基本信息后单击"创建"按钮
	3. 进入项目后，找到"项目树"窗口，再展开项目名，双击"添加新设备"选项
	4. 在控制器中找到需要添加的 PLC 型号，下面使用的 PLC 型号如左图所示，最后单击"确定"按钮

续表

图 示	步 骤
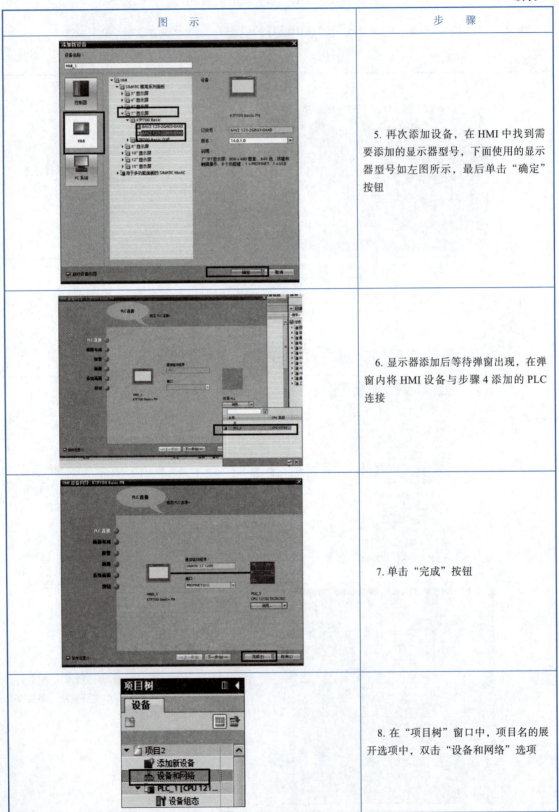	5. 再次添加设备，在 HMI 中找到需要添加的显示器型号，下面使用的显示器型号如左图所示，最后单击"确定"按钮
	6. 显示器添加后等待弹窗出现，在弹窗内将 HMI 设备与步骤 4 添加的 PLC 连接
	7. 单击"完成"按钮
	8. 在"项目树"窗口中，项目名的展开选项中，双击"设备和网络"选项

项目七 搬运机器人工作站现场编程与调试

续表

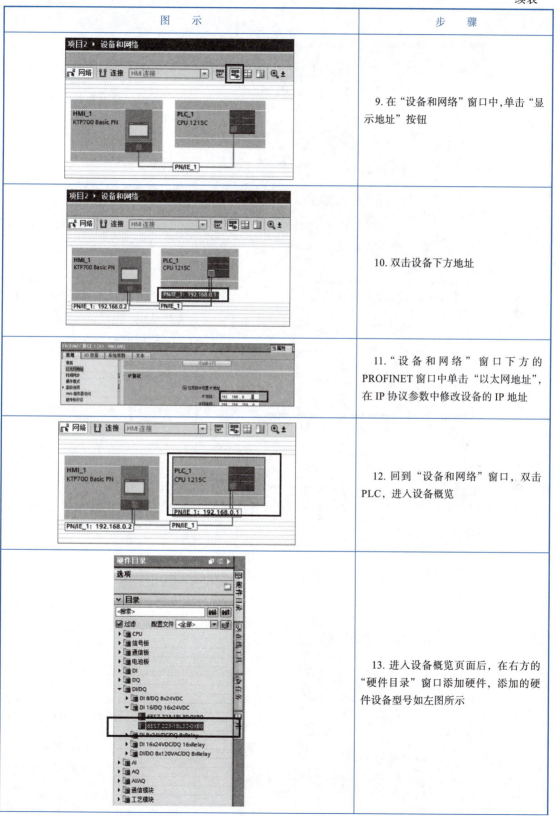

图　　示	步　　骤
	9. 在"设备和网络"窗口中,单击"显示地址"按钮
	10. 双击设备下方地址
	11. "设备和网络"窗口下方的 PROFINET 窗口中单击"以太网地址",在 IP 协议参数中修改设备的 IP 地址
	12. 回到"设备和网络"窗口,双击 PLC,进入设备概览
	13. 进入设备概览页面后,在右方的"硬件目录"窗口添加硬件,添加的硬件设备型号如左图所示

图 示	步 骤
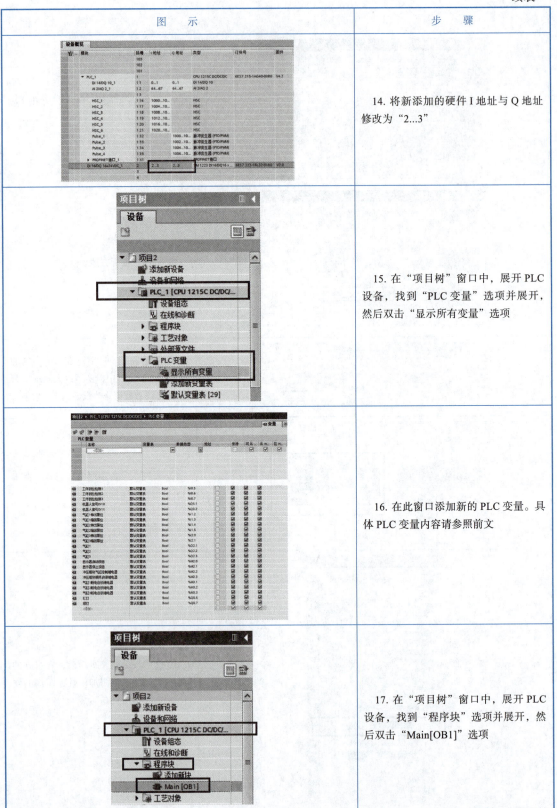	14. 将新添加的硬件 I 地址与 Q 地址修改为 "2...3"
	15. 在"项目树"窗口中,展开 PLC 设备,找到"PLC 变量"选项并展开,然后双击"显示所有变量"选项
	16. 在此窗口添加新的 PLC 变量。具体 PLC 变量内容请参照前文
	17. 在"项目树"窗口中,展开 PLC 设备,找到"程序块"选项并展开,然后双击"Main[OB1]"选项

续表

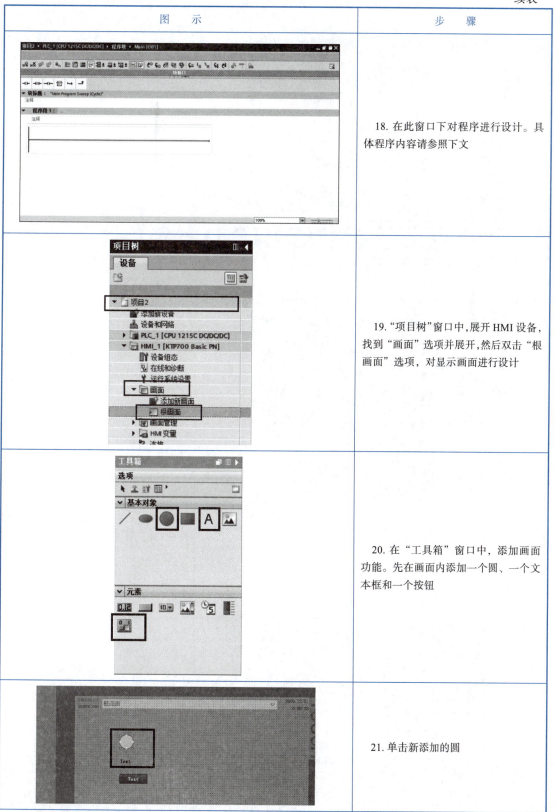

图 示	步 骤
	18. 在此窗口下对程序进行设计。具体程序内容请参照下文
	19. "项目树"窗口中,展开 HMI 设备,找到"画面"选项并展开,然后双击"根画面"选项,对显示画面进行设计
	20. 在"工具箱"窗口中,添加画面功能。先在画面内添加一个圆、一个文本框和一个按钮
	21. 单击新添加的圆

续表

图 示	步 骤
	22. 在下方的圆的属性窗口中,选择"动画"属性,单击"动态化颜色和闪烁"前的图标为圆添加新动画
	23. 将变量与 PLC 内的指示灯变量关联
	24. 设置变量改变时显示的颜色
	25. 双击新建的文本框,可对文本框的内容进行编辑
	26. 右击文本框,选择"属性"选项可对文本框属性进行修改
	27. 双击按钮,在按钮的事件窗口中定义"按下"事件,选择事件为"置位位"选项

项目七 搬运机器人工作站现场编程与调试

续表

图　示	步　骤
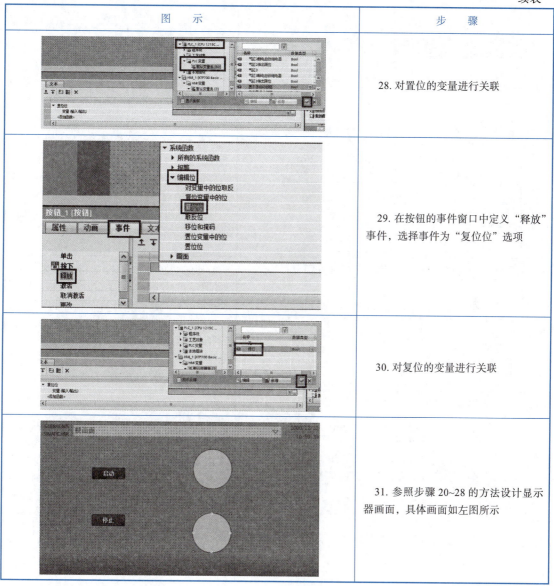	28. 对置位的变量进行关联
	29. 在按钮的事件窗口中定义"释放"事件,选择事件为"复位位"选项
	30. 对复位的变量进行关联
	31. 参照步骤 20~28 的方法设计显示器画面,具体画面如左图所示

子任务三　PLC 程序编写

根据系统工作任务,工作站系统的 PLC 程序编写可参考表 7-4 所示步骤。

表 7-4　PLC 程序编写

图　示	步　骤
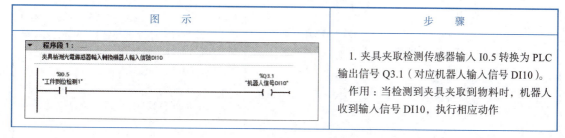	1. 夹具夹取检测传感器输入 I0.5 转换为 PLC 输出信号 Q3.1(对应机器人输入信号 DI10)。作用:当检测到夹具夹取到物料时,机器人收到输入信号 DI10,执行相应动作

181

续表

图 示	步 骤
	2. 冲压完成区域传感器输入 I0.7 转换为 PLC 输出信号 Q3.2（对应机器人输入信号 DI11）。 作用：当物料冲压完成后，机器人收到输入信号 DI11，执行相应动作
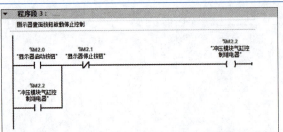	3. 按下显示器画面启动按钮 M2.0，冲压模块气缸控制继电器 M2.2 通电，按下显示器画面停止按钮 M2.1，冲压模块气缸控制继电器 M2.2 断电。 作用：利用显示器画面按钮进行各个气缸启动与急停控制
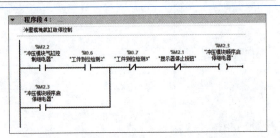	4. 冲压模块气缸控制继电器 M2.2 接通后，若冲压模块接收到物料，工件到位检测 2 I0.6 接通，冲压模块顺序启停继电器 M2.3 接通并自锁，在冲压完成后，工件到位检测 3 I0.7 接通或按下显示器画面停止按钮 M2.1，冲压模块顺序启停继电器断电。 作用：启动对冲压模块气缸的顺序启停控制
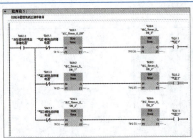 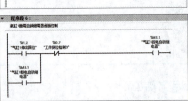  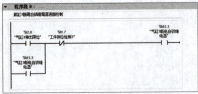	5. 当冲压模块顺序启停继电器 M2.3 接通后，三个接通延时继电器同时开始计时。与气缸 1 连接的接通延时继电器 DB1 计时 1 s 后，DB1 接通，气缸 1 Q2.1 通电，气缸 1 推出，到达伸出限位后，气缸 1 伸出限位 I1.2 接通，气缸 1 断电自锁继电器 M3.1 通电，与气缸 1 连接的关断延时继电器 DB4 开始计时，0.5 s 后，气缸 1 Q2.1 断电，气缸 1 缩回（程序段 5、6）； 与气缸 2 连接的接通延时继电器 DB2 计时 2 s 后，DB2 接通，气缸 2 Q2.2 通电，气缸 2 推出，到达伸出限位后，气缸 2 伸出限位 I1.4 接通，气缸 2 断电自锁继电器 M3.2 通电，与气缸 2 连接的关断延时继电器 DB5 开始计时，0.5 s 后，气缸 2 Q2.2 断电，气缸 2 缩回（程序段 5、7）； 与气缸 3 连接的接通延时继电器 DB3 计时 3 s 后，DB3 接通，气缸 3 Q2.3 通电，气缸 3 推出，到达伸出限位后，气缸 3 伸出限位 I2.0 接通，气缸 3 断电自锁继电器 M3.3 通电，与气缸 2 连接的关断延时继电器 DB6 开始计时，0.5 s 后，气缸 3 Q2.3 断电，气缸 3 缩回（程序段 5、8）。 作用：对冲压模块气缸的顺序启停控制

续表

图示	步骤
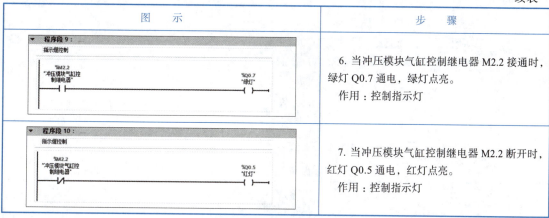	6. 当冲压模块气缸控制继电器 M2.2 接通时，绿灯 Q0.7 通电，绿灯点亮。 作用：控制指示灯 7. 当冲压模块气缸控制继电器 M2.2 断开时，红灯 Q0.5 通电，红灯点亮。 作用：控制指示灯

任务三　工业机器人程序编写与调试

工业机器人程序编写任务主要包括对机器人的软件设置以及程序设计，完成离线程序编写以后，将程序导入机器人，并进行现场点位示教，最后完成程序的调试任务。

子任务一　机器人软件配置

（一）IO 板与信号的创建

对机器人进行配置，首先定义如表 7-5 所示 ABB 机器人 IO 设置，详细设置步骤参考表 7-6。

搬运通信板和信号的创建 –1

表 7-5　ABB 机器人 IO 设置

输入	作用	输出	作用
DI 10	冲压命令	DO 01	手抓松开
DI 11	搬运命令	DO 02	手抓夹紧

表 7-6　ABB 机器人 IO 设置详细步骤

图示	步骤
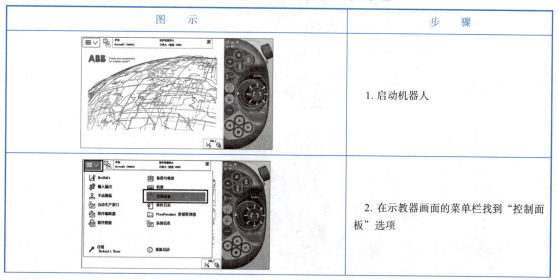	1. 启动机器人 2. 在示教器画面的菜单栏找到"控制面板"选项

续表

图示	步骤
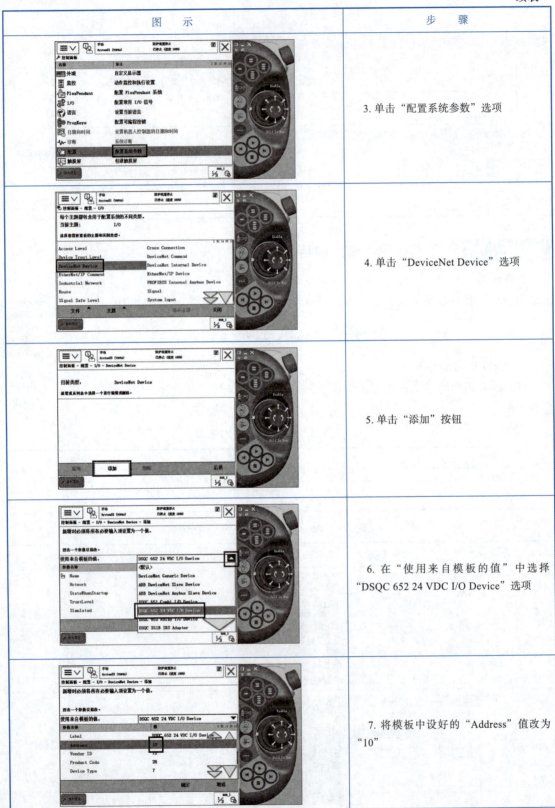	3. 单击"配置系统参数"选项
	4. 单击"DeviceNet Device"选项
	5. 单击"添加"按钮
	6. 在"使用来自模板的值"中选择"DSQC 652 24 VDC I/O Device"选项
	7. 将模板中设好的"Address"值改为"10"

续表

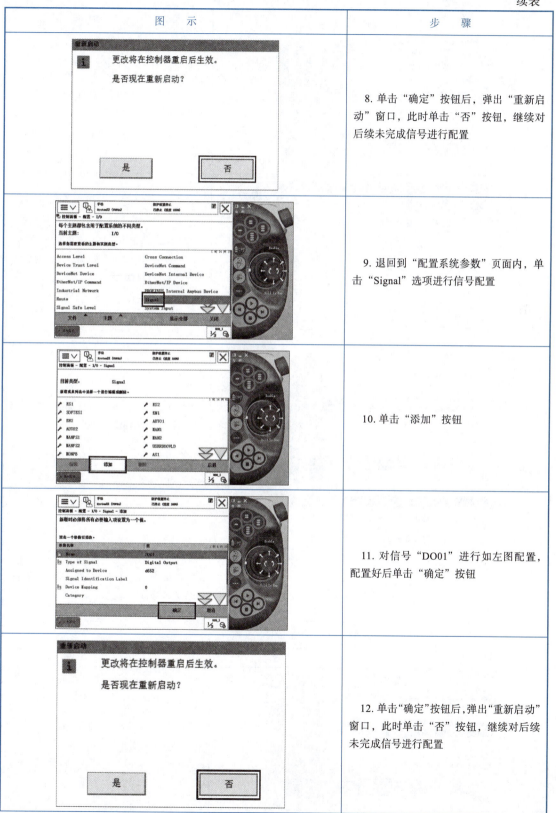

续表

图示	步骤
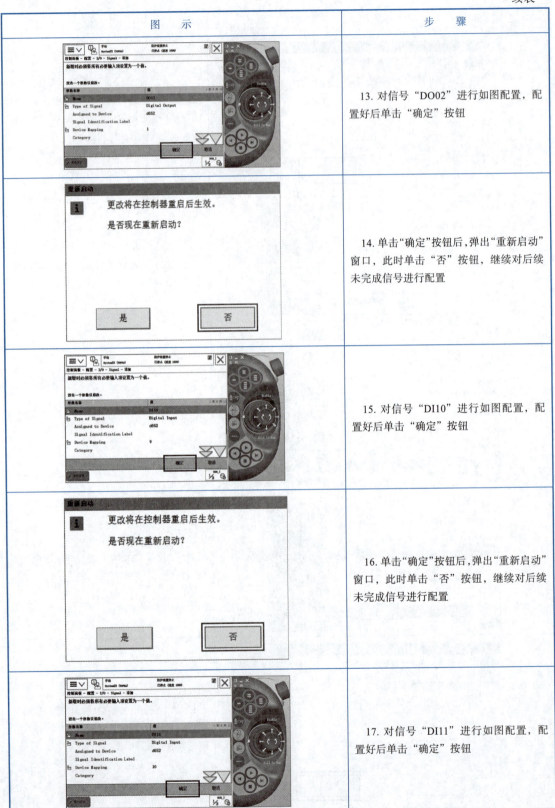	13. 对信号"DO02"进行如图配置，配置好后单击"确定"按钮
	14. 单击"确定"按钮后，弹出"重新启动"窗口，此时单击"否"按钮，继续对后续未完成信号进行配置
	15. 对信号"DI10"进行如图配置，配置好后单击"确定"按钮
	16. 单击"确定"按钮后，弹出"重新启动"窗口，此时单击"否"按钮，继续对后续未完成信号进行配置
	17. 对信号"DI11"进行如图配置，配置好后单击"确定"按钮

续表

图　示	步　骤
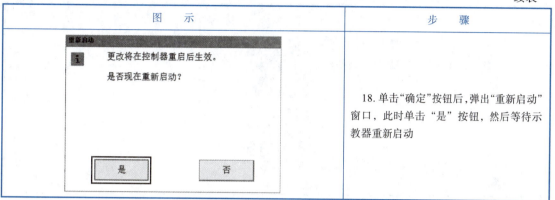	18. 单击"确定"按钮后,弹出"重新启动"窗口,此时单击"是"按钮,然后等待示教器重新启动

（二）设置可编程按键

通过示教器的操作，可以设置系统的可编程按键，参见表 7-7 所示步骤，完成系统可编程按键的设置任务。

视　频

搬运可编程按键的使用

表 7-7　设置可编程按键

图　示	步　骤
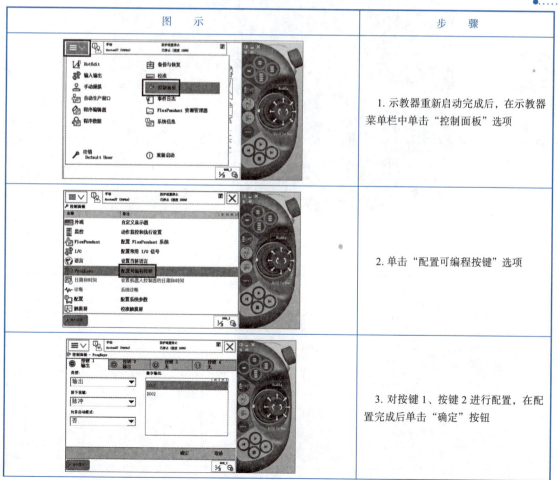	1. 示教器重新启动完成后,在示教器菜单栏中单击"控制面板"选项
	2. 单击"配置可编程按键"选项
	3. 对按键 1、按键 2 进行配置,在配置完成后单击"确定"按钮

续表

图　示	步　骤
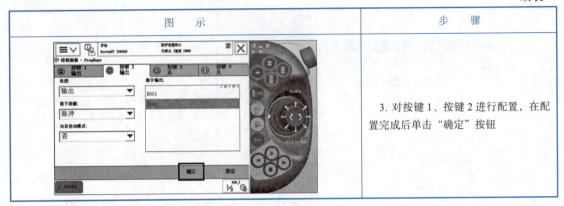	3. 对按键 1、按键 2 进行配置，在配置完成后单击"确定"按钮

（三）工具坐标的创建

将文字替换为：在机器人进行目标点示教时，可以通过重定位运动方法让机器人绕着所定义的点做空间旋转，从而方便用户进行机器人姿态的调整。此外，更换工具时，只需要更新工具坐标系，而不需要重新示教机器人轨迹，从而实现机器人轨迹的纠正。因此，需要在搬运机器人工作站中定义工具坐标如图 7-10 所示，其具体创建步骤则可参考表 7-8 所示。

视　频
搬运工具坐标的创建

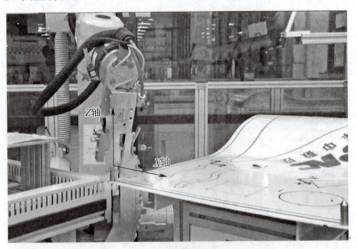

图 7-10　创建工具坐标

表 7-8　工具坐标的创建步骤

图　示	步　骤
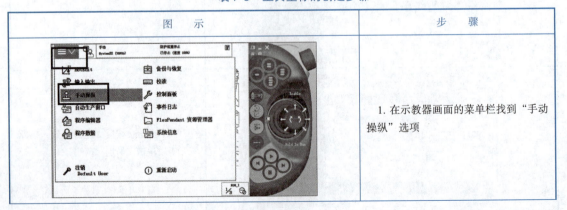	1. 在示教器画面的菜单栏找到"手动操纵"选项

续表

图 示	步 骤
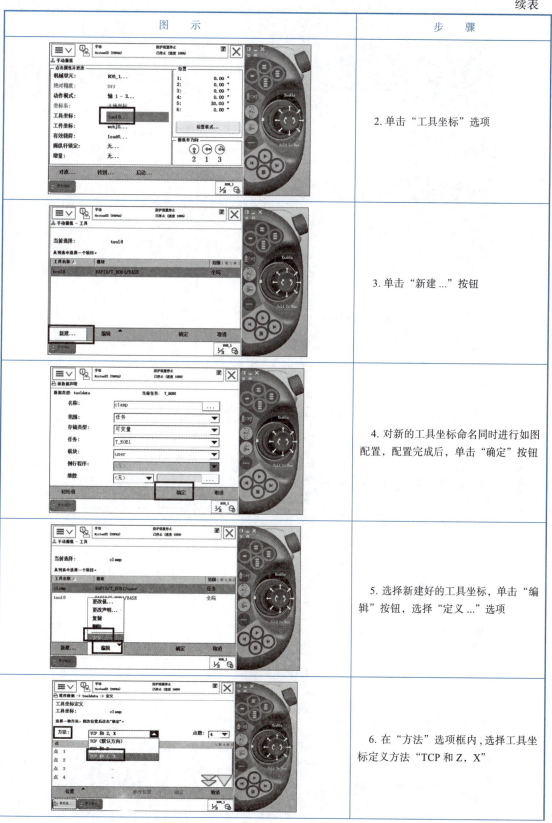	2. 单击"工具坐标"选项
	3. 单击"新建..."按钮
	4. 对新的工具坐标命名同时进行如图配置,配置完成后,单击"确定"按钮
	5. 选择新建好的工具坐标,单击"编辑"按钮,选择"定义..."选项
	6. 在"方法"选项框内,选择工具坐标定义方法"TCP 和 Z,X"

续表

图 示	步 骤
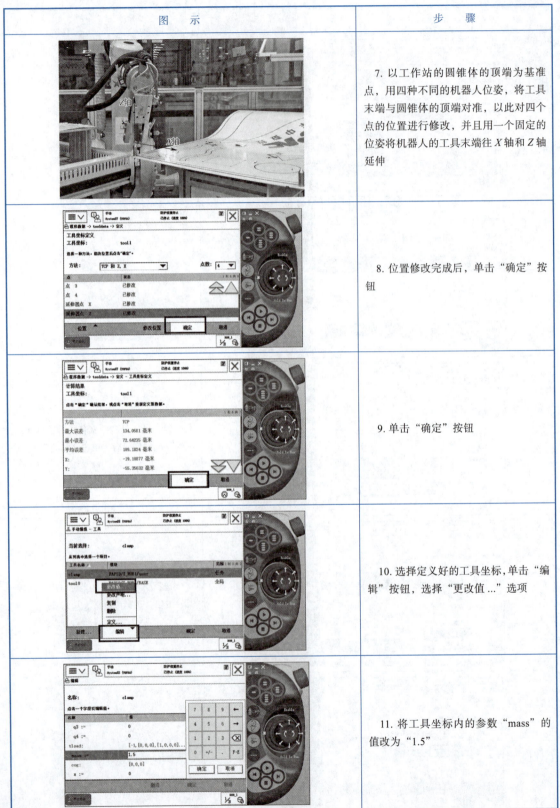	7. 以工作站的圆锥体的顶端为基准点，用四种不同的机器人位姿，将工具末端与圆锥体的顶端对准，以此对四个点的位置进行修改，并且用一个固定的位姿将机器人的工具末端往 X 轴和 Z 轴延伸
	8. 位置修改完成后，单击"确定"按钮
	9. 单击"确定"按钮
	10. 选择定义好的工具坐标，单击"编辑"按钮，选择"更改值…"选项
	11. 将工具坐标内的参数"mass"的值改为"1.5"

项目七 搬运机器人工作站现场编程与调试

（四）工件坐标的创建

在对工业机器人编程之前，需要给机器人一个运动的参考坐标，如图 7-11 所示工件坐标点。因此需要对工件对象建立工件坐标。利用三点法创建工件坐标，具体步骤见表 7-9。

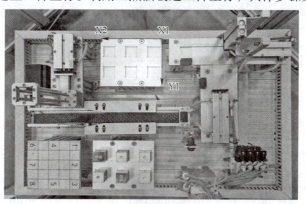

图 7-11　创建工件坐标

视　频

搬运工件坐标的创建

表 7-9　创建工件坐标步骤

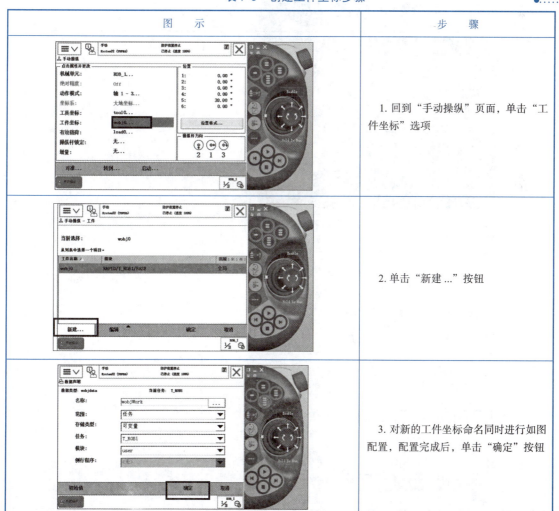

图　示	步　骤
	1. 回到"手动操纵"页面，单击"工件坐标"选项
	2. 单击"新建..."按钮
	3. 对新的工件坐标命名同时进行如图配置，配置完成后，单击"确定"按钮

续表

图　　示	步　　骤
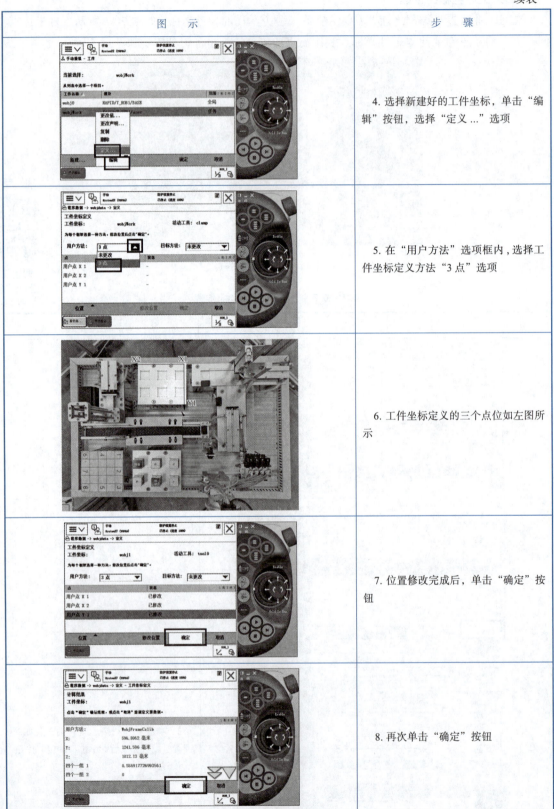	4. 选择新建好的工件坐标，单击"编辑"按钮，选择"定义..."选项
	5. 在"用户方法"选项框内，选择工件坐标定义方法"3 点"选项
	6. 工件坐标定义的三个点位如左图所示
	7. 位置修改完成后，单击"确定"按钮
	8. 再次单击"确定"按钮

（五）设定程序数据

设定程序数据，步骤见表 7-10。

视 频

搬运位置数组的创建

表 7-10 设定程序数据步骤

图　　示	步　　骤
	1. 回到"手动操纵"页面，单击"程序数据"选项
	2. 单击"num"选项
	3. 单击"新建..."按钮
	4. 新建两个 num 数据，分别命名为"nCount1"和"nCount2"，数据声明如左图所示。 5. 新建 num 数据声明完成后，单击"确定"按钮

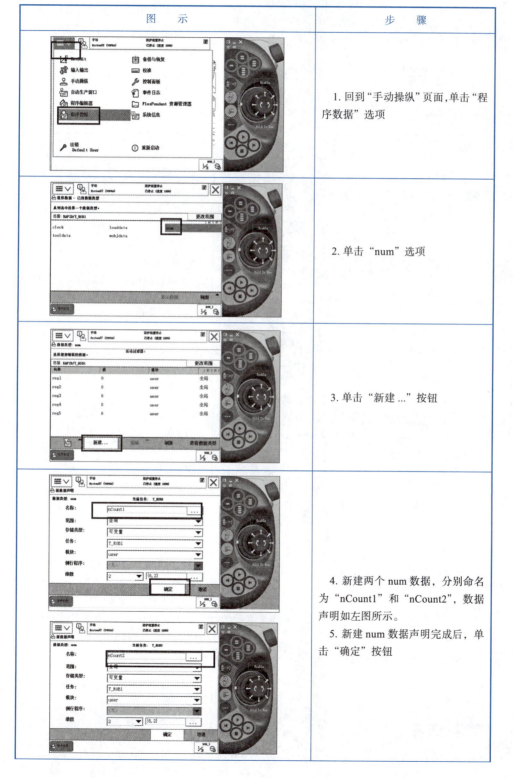

193

续表

图 示	步 骤
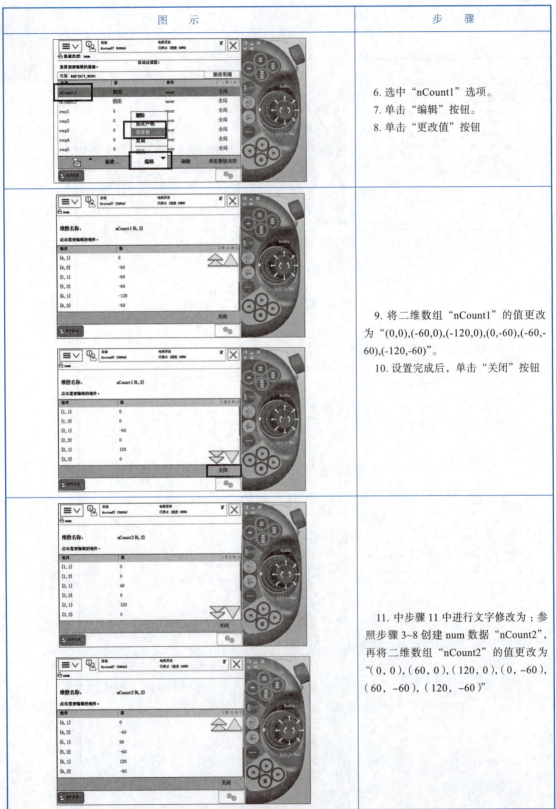	6. 选中"nCount1"选项。 7. 单击"编辑"按钮。 8. 单击"更改值"按钮
	9. 将二维数组"nCount1"的值更改为"(0,0),(-60,0),(-120,0),(0,-60),(-60,-60),(-120,-60)"。 10. 设置完成后，单击"关闭"按钮
	11. 中步骤11中进行文字修改为：参照步骤3~8创建num数据"nCount2"，再将二维数组"nCount2"的值更改为"（0，0），（60，0），（120，0），（0，-60），（60，-60），（120，-60）"

子任务二　机器人程序设计

（一）机器人程序设计

在 RobotStudio 虚拟仿真软件中编写机器人的运行程序，具体步骤见表 7-11 所示。

搬运机器人程序的设计

表 7-11　机器人程序的设计

图　　示	步　　骤
	1. 在计算机上打开 RobotStudio 应用程序
	2. 单击"新建"指令，然后双击"空工作站"选项
	3. 在"基本"功能选项卡下，单击"ABB 模型库"选项卡，然后单击"IRB 1410"选项
	4. 单击"机器人系统"选项卡，然后单击"从布局..."选项

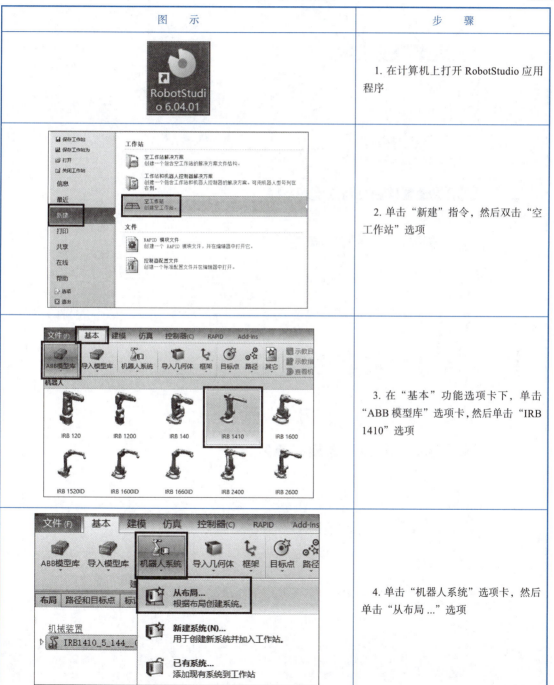

续表

图 示	步 骤
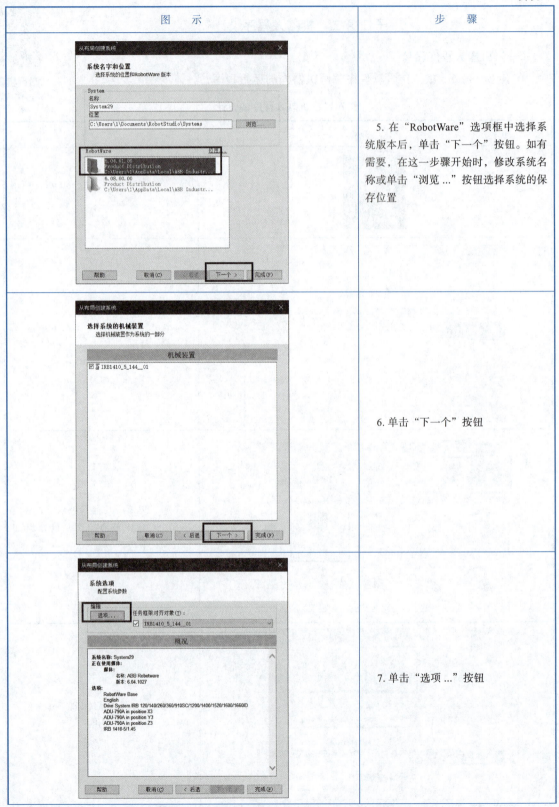	5. 在"RobotWare"选项框中选择系统版本后，单击"下一个"按钮。如有需要，在这一步骤开始时，修改系统名称或单击"浏览..."按钮选择系统的保存位置
	6. 单击"下一个"按钮
	7. 单击"选项..."按钮

续表

图　　示	步　　骤
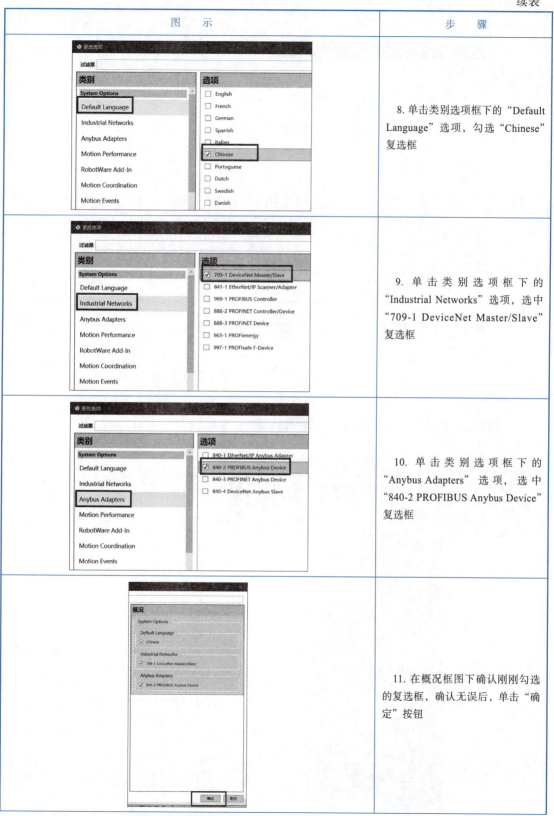	8. 单击类别选项框下的"Default Language"选项，勾选"Chinese"复选框
	9. 单击类别选项框下的"Industrial Networks"选项，选中"709-1 DeviceNet Master/Slave"复选框
	10. 单击类别选项框下的"Anybus Adapters"选项，选中"840-2 PROFIBUS Anybus Device"复选框
	11. 在概况框图下确认刚刚勾选的复选框，确认无误后，单击"确定"按钮

续表

图　　示	步　　骤
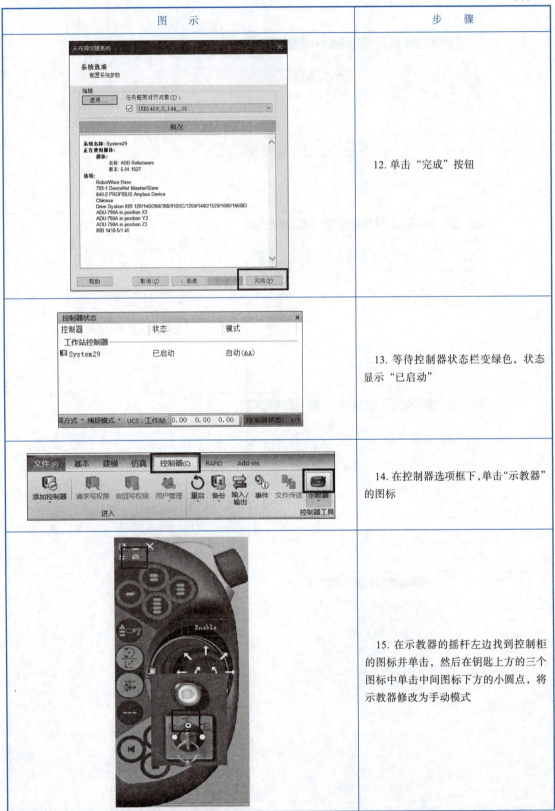	12. 单击"完成"按钮
	13. 等待控制器状态栏变绿色，状态显示"已启动"
	14. 在控制器选项框下，单击"示教器"的图标
	15. 在示教器的摇杆左边找到控制柜的图标并单击，然后在钥匙上方的三个图标中单击中间图标下方的小圆点，将示教器修改为手动模式

项目七 搬运机器人工作站现场编程与调试

续表

图　　示	步　　骤
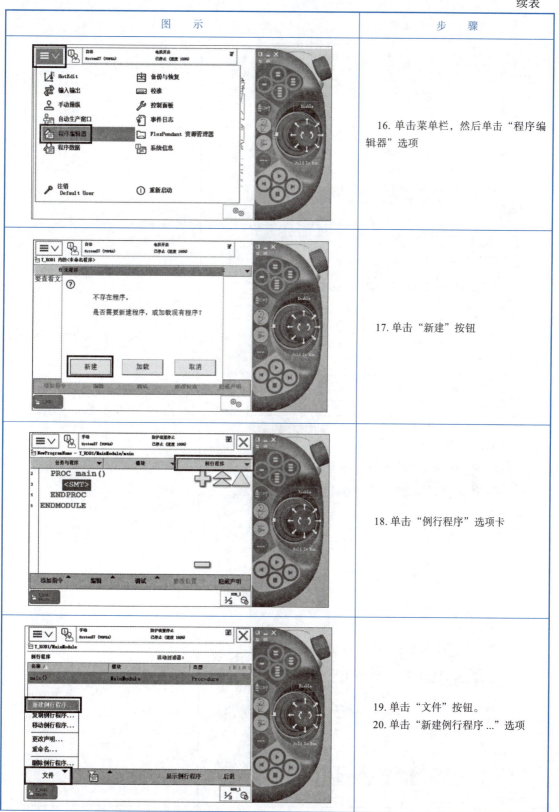	16. 单击菜单栏，然后单击"程序编辑器"选项
	17. 单击"新建"按钮
	18. 单击"例行程序"选项卡
	19. 单击"文件"按钮。 20. 单击"新建例行程序..."选项

续表

图 示	步 骤
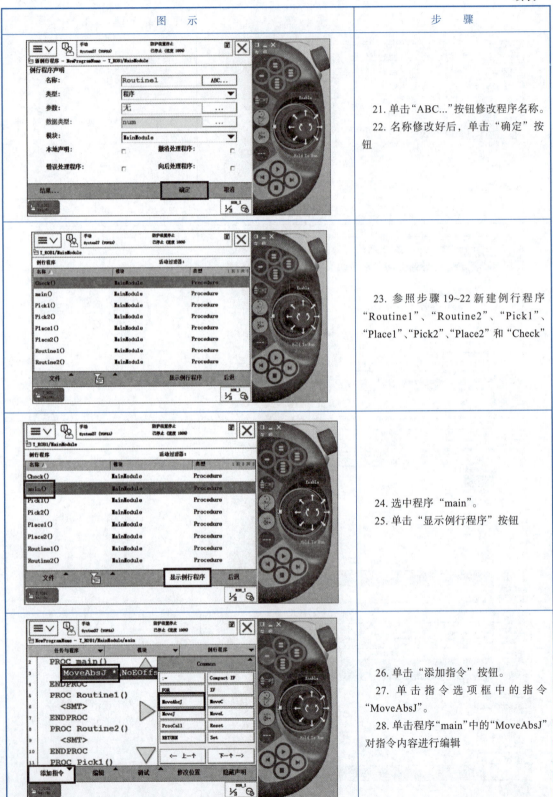	21. 单击"ABC…"按钮修改程序名称。 22. 名称修改好后，单击"确定"按钮 23. 参照步骤19~22新建例行程序"Routine1"、"Routine2"、"Pick1"、"Place1"、"Pick2"、"Place2"和"Check" 24. 选中程序"main"。 25. 单击"显示例行程序"按钮 26. 单击"添加指令"按钮。 27. 单击指令选项框中的指令"MoveAbsJ"。 28. 单击程序"main"中的"MoveAbsJ"对指令内容进行编辑

续表

图 示	步 骤
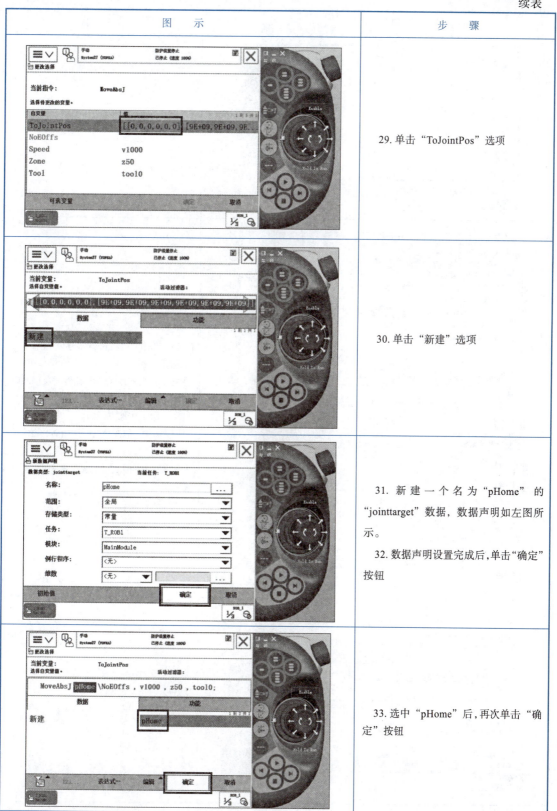	29. 单击"ToJointPos"选项 30. 单击"新建"选项 31. 新建一个名为"pHome"的"jointtarget"数据,数据声明如左图所示。 32. 数据声明设置完成后,单击"确定"按钮 33. 选中"pHome"后,再次单击"确定"按钮

续表

图 示	步 骤
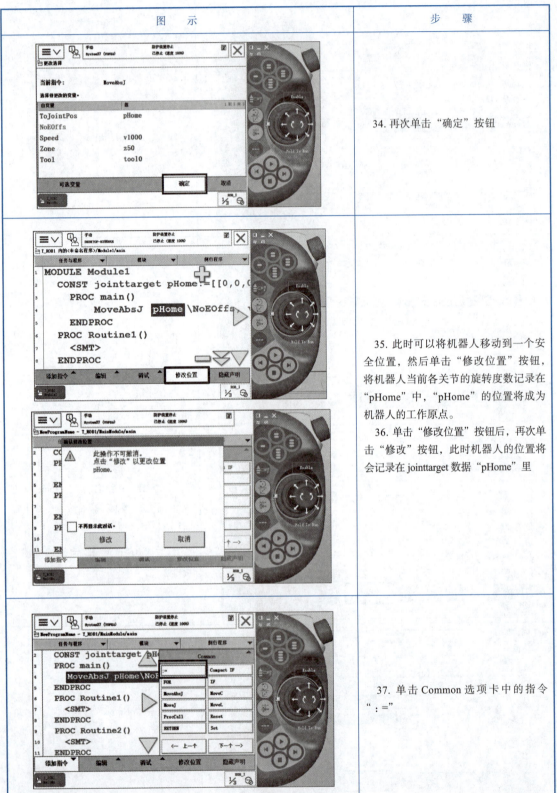	34. 再次单击"确定"按钮
	35. 此时可以将机器人移动到一个安全位置，然后单击"修改位置"按钮，将机器人当前各关节的旋转度数记录在"pHome"中，"pHome"的位置将成为机器人的工作原点。 36. 单击"修改位置"按钮后，再次单击"修改"按钮，此时机器人的位置将会记录在jointtarget数据"pHome"里
	37. 单击Common选项卡中的指令":="

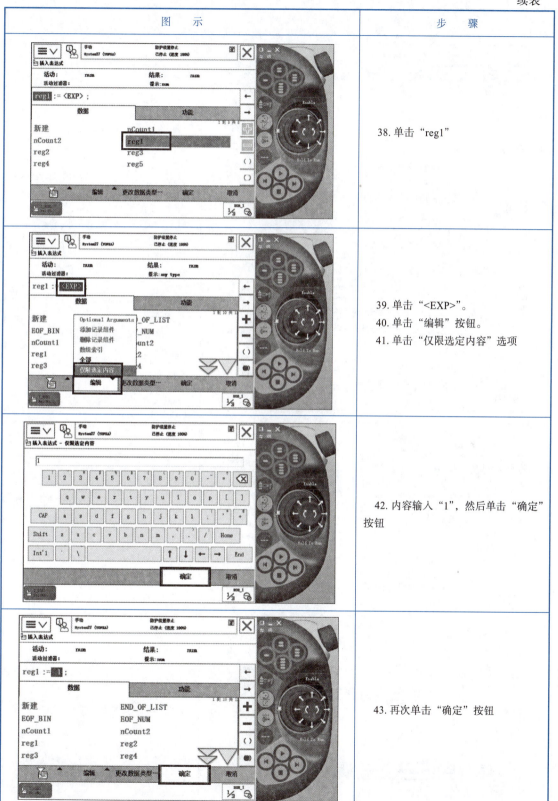

续表

图 示	步 骤
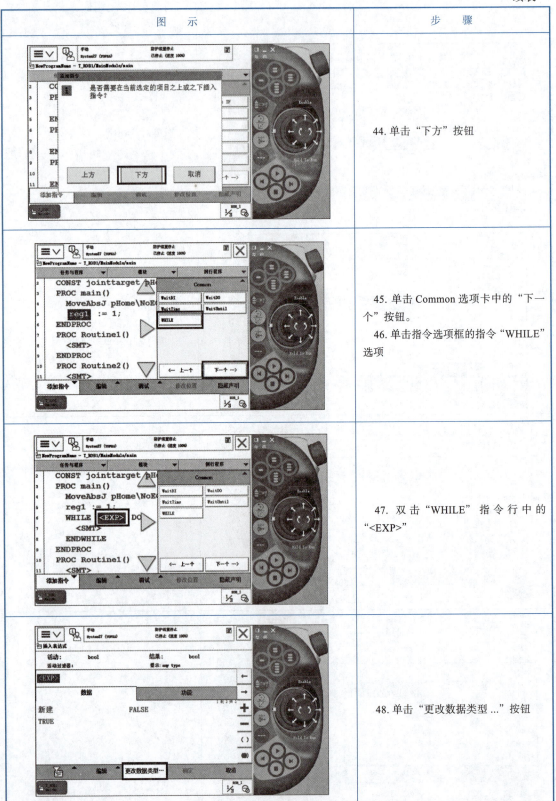	44. 单击"下方"按钮 45. 单击 Common 选项卡中的"下一个"按钮。 46. 单击指令选项框的指令"WHILE"选项 47. 双击"WHILE"指令行中的"<EXP>" 48. 单击"更改数据类型…"按钮

项目七 搬运机器人工作站现场编程与调试

续表

图 示	步 骤
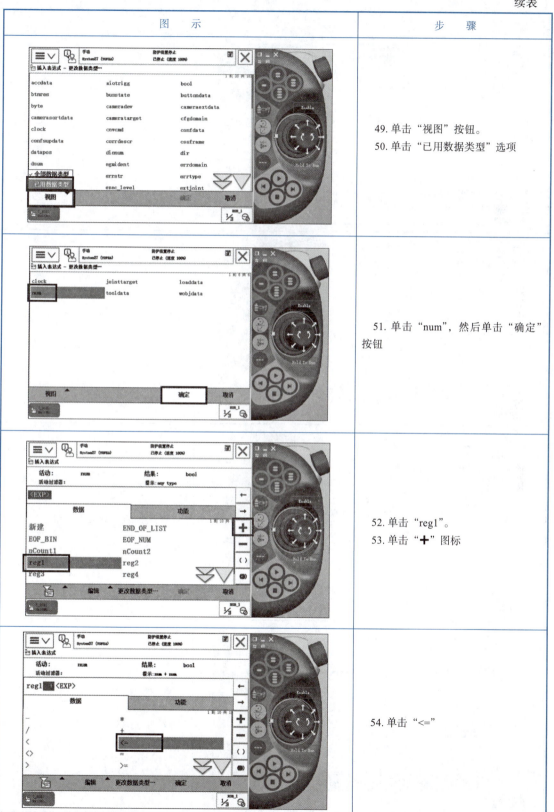	49. 单击"视图"按钮。 50. 单击"已用数据类型"选项
	51. 单击"num",然后单击"确定"按钮
	52. 单击"reg1"。 53. 单击"+"图标
	54. 单击"<="

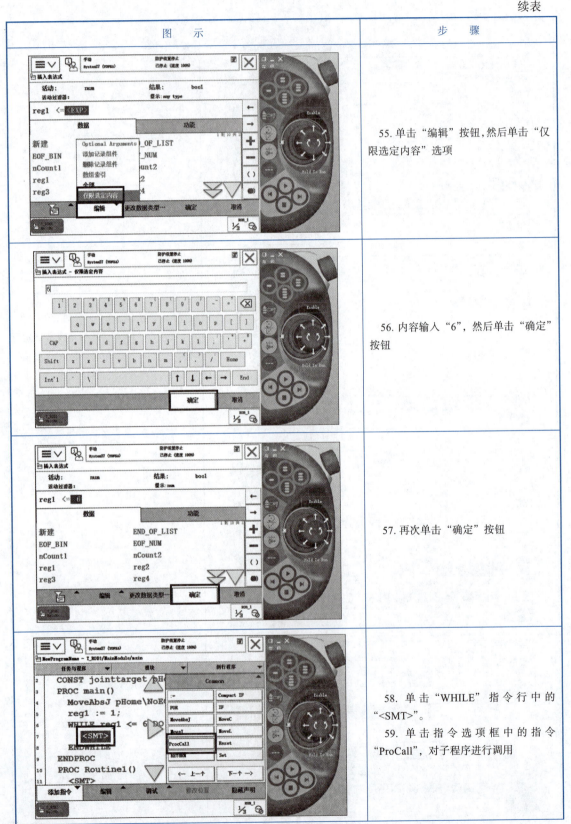

续表

图 示	步 骤
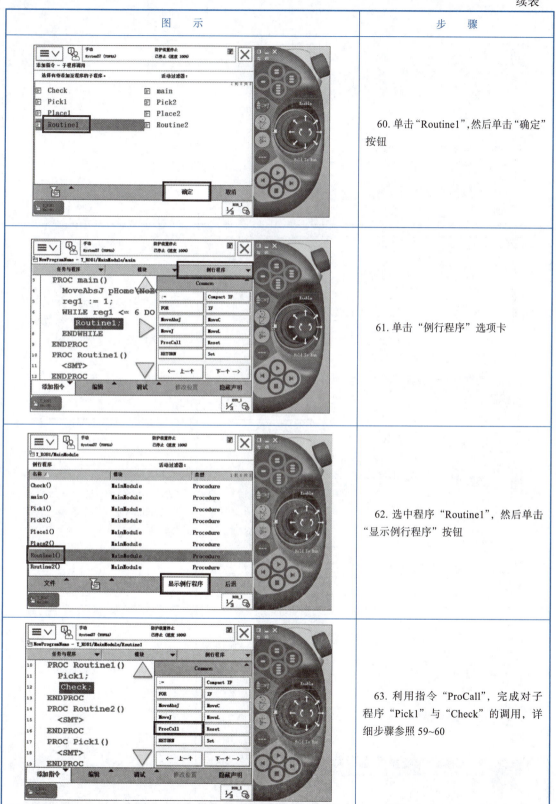	60. 单击"Routine1",然后单击"确定"按钮
	61. 单击"例行程序"选项卡
	62. 选中程序"Routine1",然后单击"显示例行程序"按钮
	63. 利用指令"ProCall",完成对子程序"Pick1"与"Check"的调用,详细步骤参照59~60

续表

图　　示	步　　骤
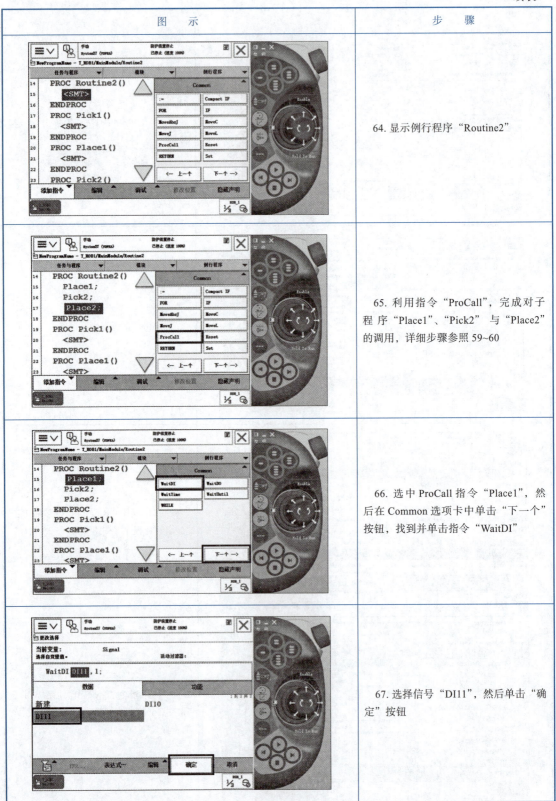	64. 显示例行程序"Routine2"
	65. 利用指令"ProCall"，完成对子程序"Place1"、"Pick2"与"Place2"的调用，详细步骤参照59~60
	66. 选中 ProCall 指令"Place1"，然后在 Common 选项卡中单击"下一个"按钮，找到并单击指令"WaitDI"
	67. 选择信号"DI11"，然后单击"确定"按钮

续表

图示	步骤
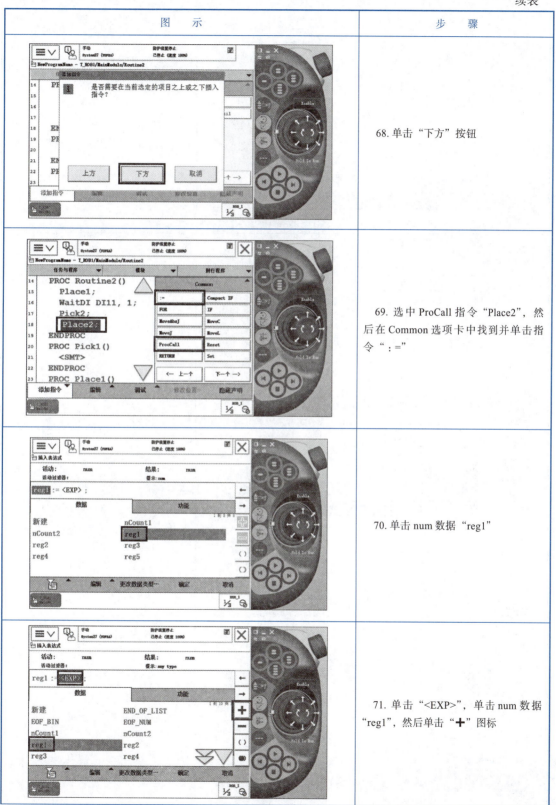	68. 单击"下方"按钮
	69. 选中 ProCall 指令"Place2",然后在 Common 选项卡中找到并单击指令":="
	70. 单击 num 数据"reg1"
	71. 单击"<EXP>",单击 num 数据"reg1",然后单击"+"图标

续表

图 示	步 骤
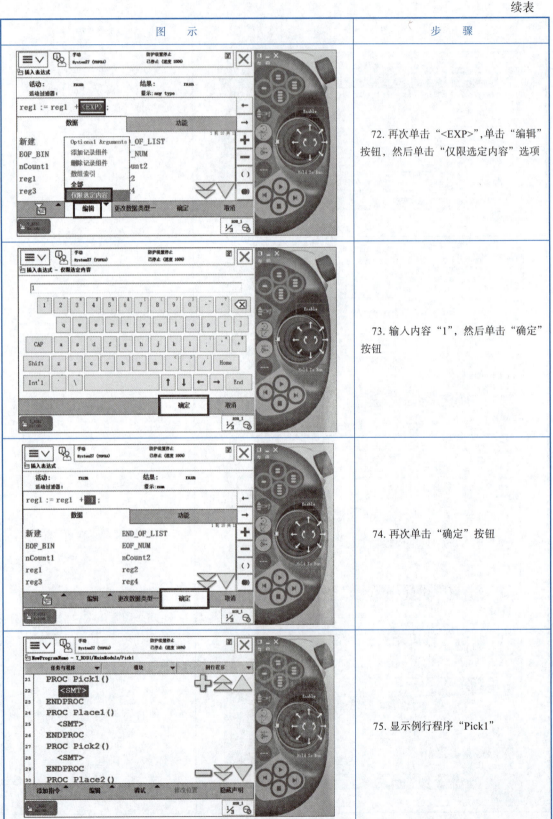	72. 再次单击"<EXP>",单击"编辑"按钮,然后单击"仅限选定内容"选项
	73. 输入内容"1",然后单击"确定"按钮
	74. 再次单击"确定"按钮
	75. 显示例行程序"Pick1"

续表

图 示	步 骤
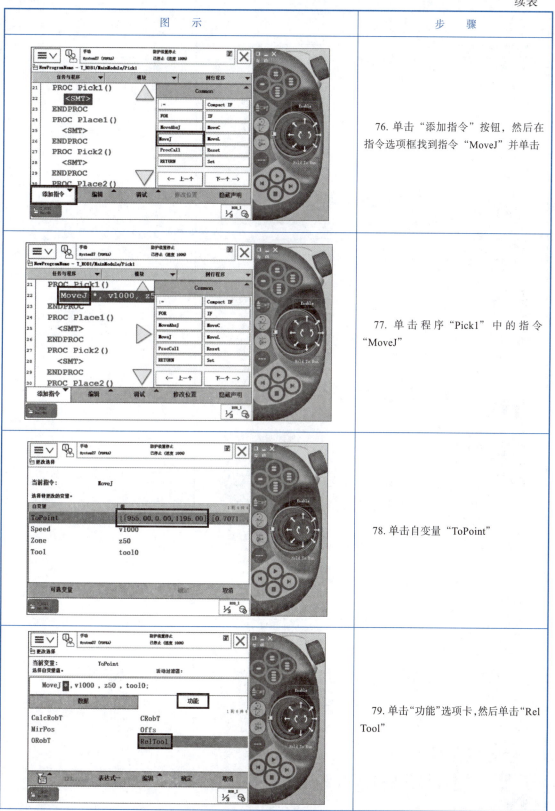	76. 单击"添加指令"按钮,然后在指令选项框找到指令"MoveJ"并单击
	77. 单击程序"Pick1"中的指令"MoveJ"
	78. 单击自变量"ToPoint"
	79. 单击"功能"选项卡,然后单击"RelTool"

续表

图 示	步 骤
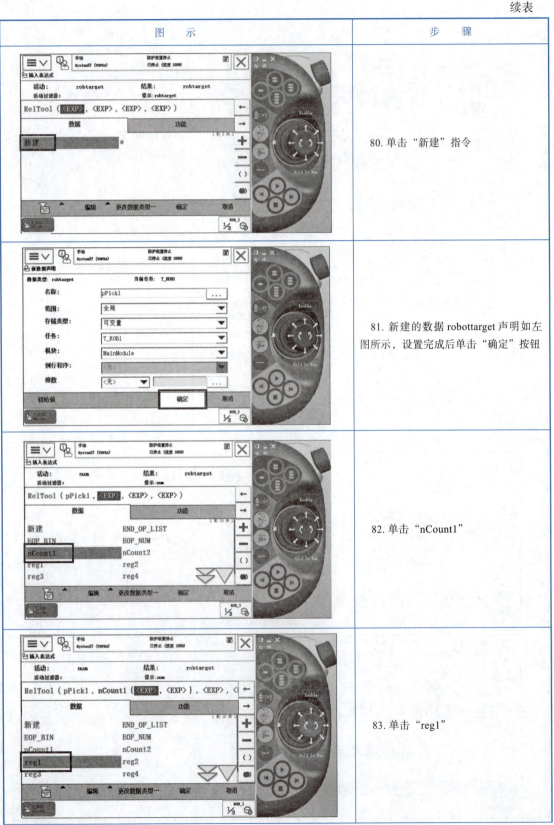	80. 单击"新建"指令
	81. 新建的数据 robottarget 声明如左图所示,设置完成后单击"确定"按钮
	82. 单击"nCount1"
	83. 单击"reg1"

项目七　搬运机器人工作站现场编程与调试

续表

图　示	步　骤
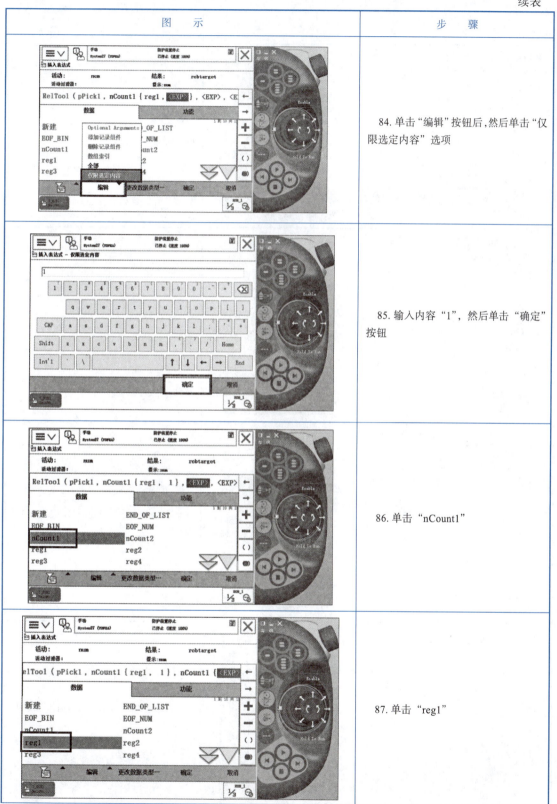	84. 单击"编辑"按钮后,然后单击"仅限选定内容"选项
	85. 输入内容"1",然后单击"确定"按钮
	86. 单击"nCount1"
	87. 单击"reg1"

续表

图　示	步　骤
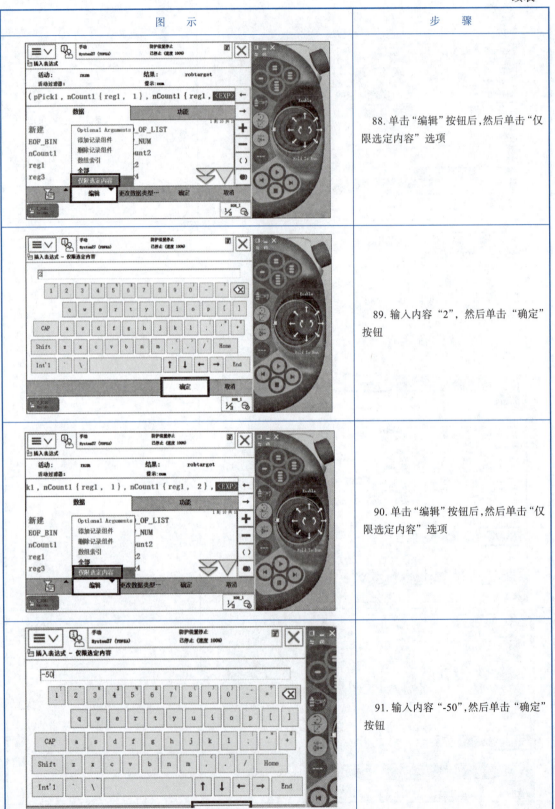	88. 单击"编辑"按钮后,然后单击"仅限选定内容"选项
	89. 输入内容"2",然后单击"确定"按钮
	90. 单击"编辑"按钮后,然后单击"仅限选定内容"选项
	91. 输入内容"-50",然后单击"确定"按钮

续表

图 示	步 骤
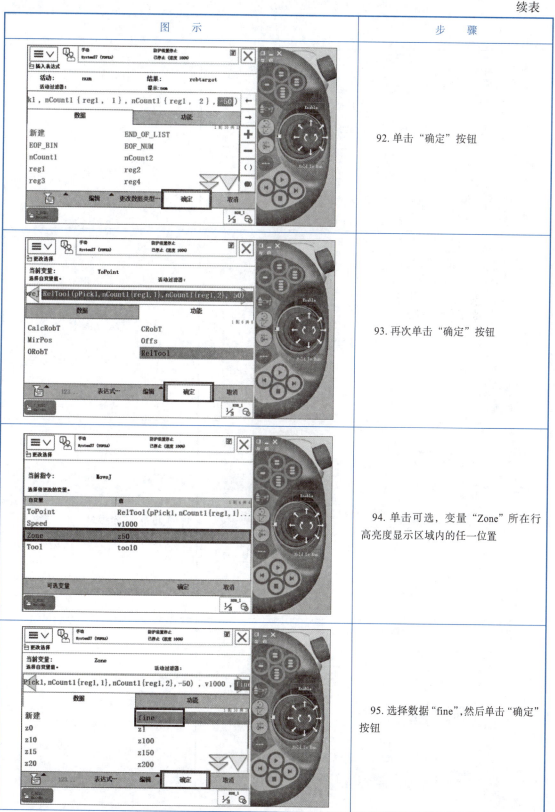	92. 单击"确定"按钮
	93. 再次单击"确定"按钮
	94. 单击可选,变量"Zone"所在行高亮度显示区域内的任一位置
	95. 选择数据"fine",然后单击"确定"按钮

续表

图示	步骤
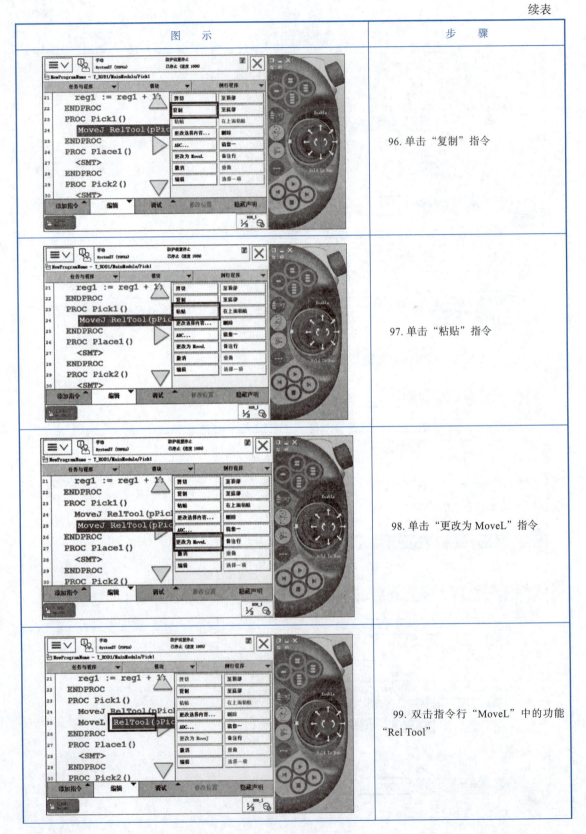	96. 单击"复制"指令
	97. 单击"粘贴"指令
	98. 单击"更改为MoveL"指令
	99. 双击指令行"MoveL"中的功能"Rel Tool"

续表

图示	步骤
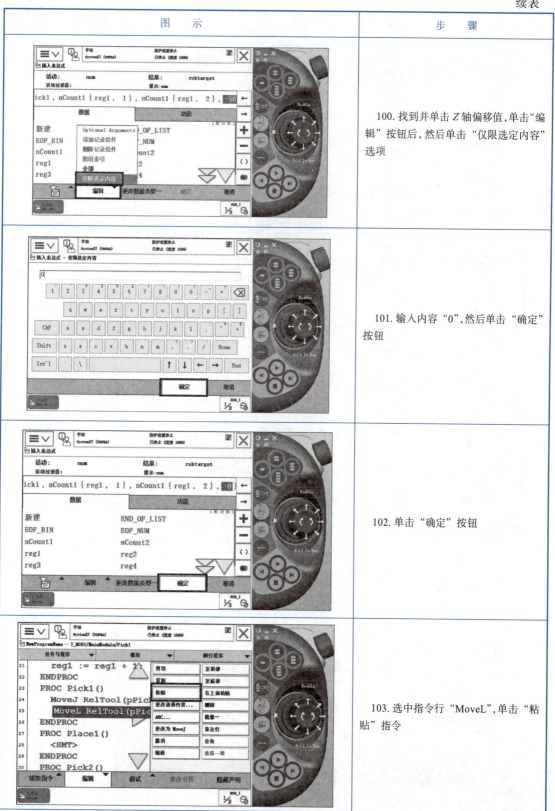	100. 找到并单击 Z 轴偏移值,单击"编辑"按钮后,然后单击"仅限选定内容"选项
	101. 输入内容"0",然后单击"确定"按钮
	102. 单击"确定"按钮
	103. 选中指令行"MoveL",单击"粘贴"指令

续表

图 示	步 骤
	104. 单击"更改为 MoveL"指令
	105. 选中第一个"MoveL"指令行，单击"添加指令"按钮，然后单击"Reset"指令
	106. 选择"DO02"，单击"确定"按钮
	107. 单击"Set"指令

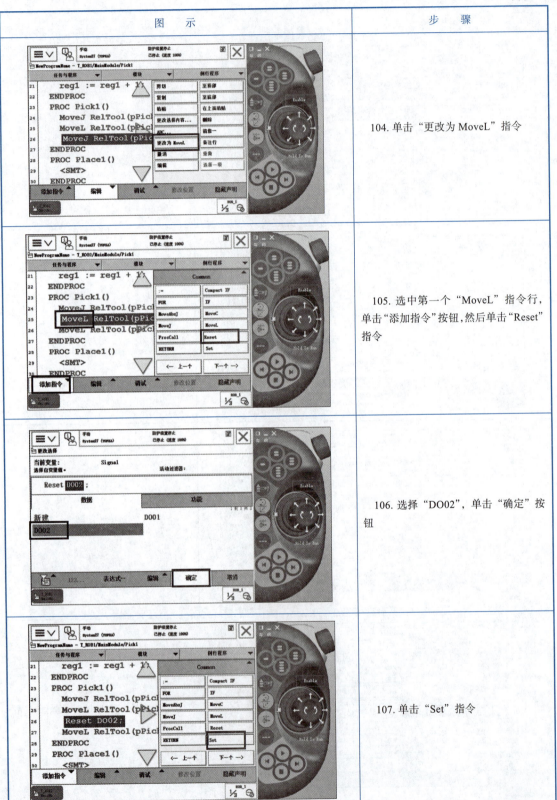

续表

图　　示	步　　骤
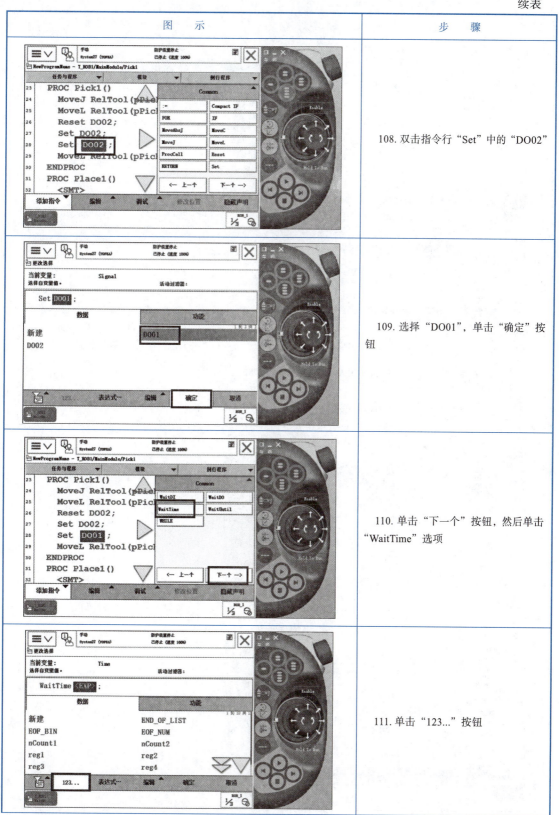	108. 双击指令行"Set"中的"DO02"
	109. 选择"DO01"，单击"确定"按钮
	110. 单击"下一个"按钮，然后单击"WaitTime"选项
	111. 单击"123..."按钮

续表

图示	步骤
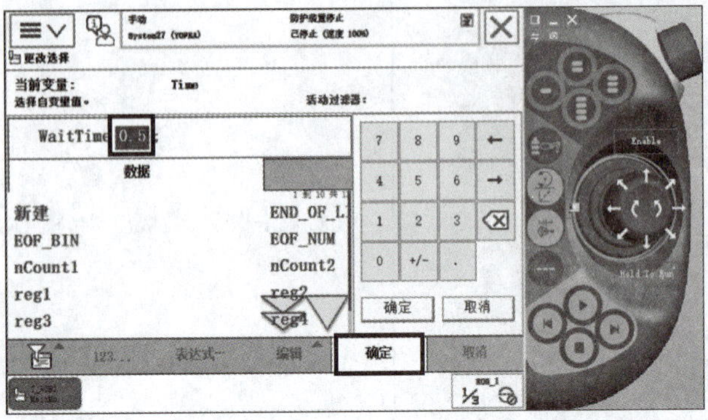	112. 输入“0.5”，然后单击“确定”按钮
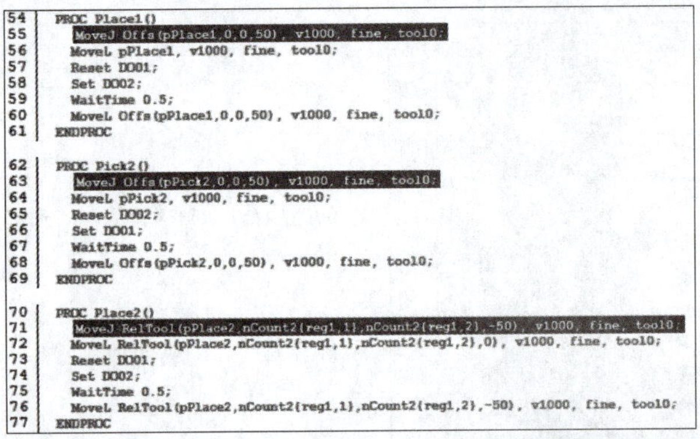 PROC Place1() MoveJ Offs(pPlace1,0,0,50), v1000, fine, tool0; MoveL pPlace1, v1000, fine, tool0; Reset DO01; Set DO02; WaitTime 0.5; MoveL Offs(pPlace1,0,0,50), v1000, fine, tool0; ENDPROC PROC Pick2() MoveJ Offs(pPick2,0,0,50), v1000, fine, tool0; MoveL pPick2, v1000, fine, tool0; Reset DO02; Set DO01; WaitTime 0.5; MoveL Offs(pPick2,0,0,50), v1000, fine, tool0; ENDPROC PROC Place2() MoveJ RelTool(pPlace2,nCount2{reg1,1},nCount2{reg1,2},-50), v1000, fine, tool0; MoveL RelTool(pPlace2,nCount2{reg1,1},nCount2{reg1,2},0), v1000, fine, tool0; Reset DO01; Set DO02; WaitTime 0.5; MoveL RelTool(pPlace2,nCount2{reg1,1},nCount2{reg1,2},-50), v1000, fine, tool0; ENDPROC	113. 参照步骤75~112完成对程序“Place1”、“Pick2”、“Place2”的设计，各个程序具体内容如左图所示
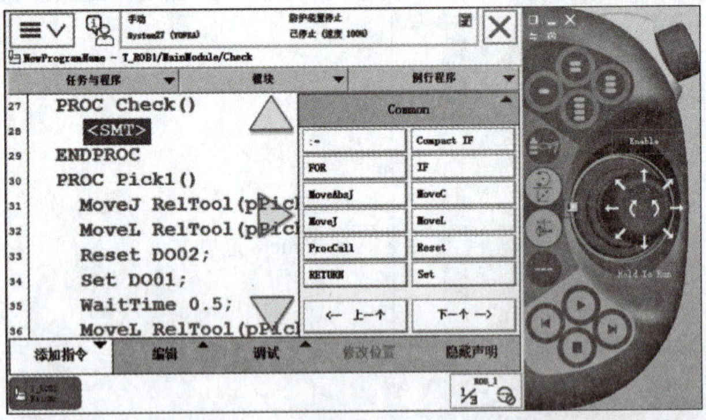	114. 显示例行程序“Check”
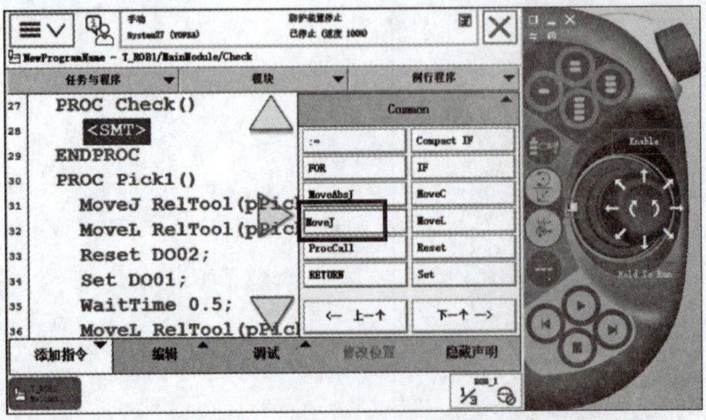	115. 单击“MoveJ”指令

续表

图 示	步 骤
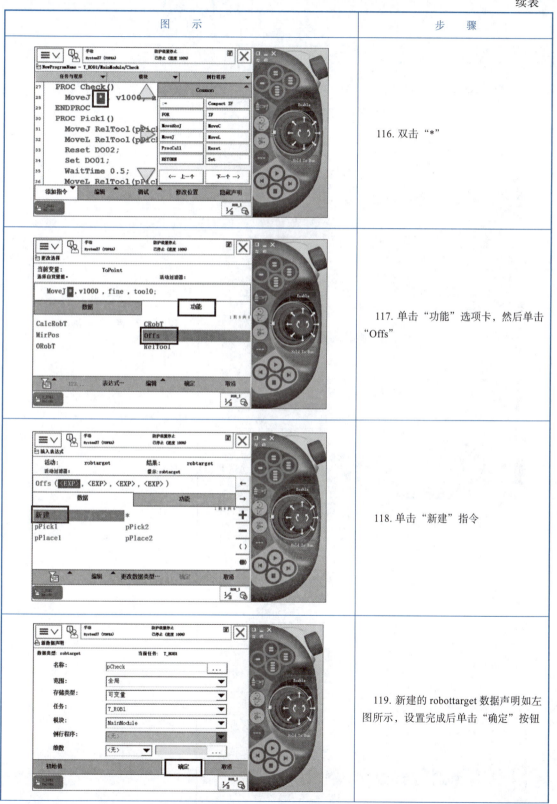	116. 双击"*"
	117. 单击"功能"选项卡，然后单击"Offs"
	118. 单击"新建"指令
	119. 新建的 robottarget 数据声明如左图所示，设置完成后单击"确定"按钮

续表

图　示	步　骤
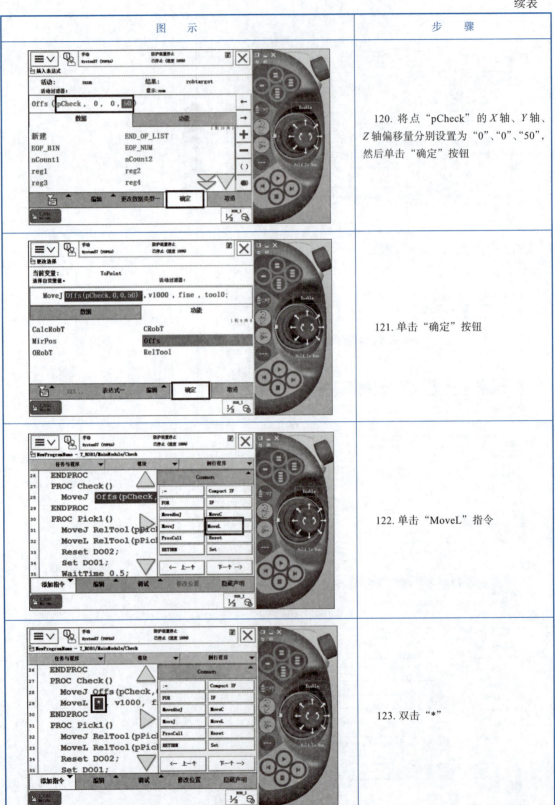	120. 将点"pCheck"的 X 轴、Y 轴、Z 轴偏移量分别设置为"0"、"0"、"50"，然后单击"确定"按钮
	121. 单击"确定"按钮
	122. 单击"MoveL"指令
	123. 双击"*"

222

续表

图 示	步 骤
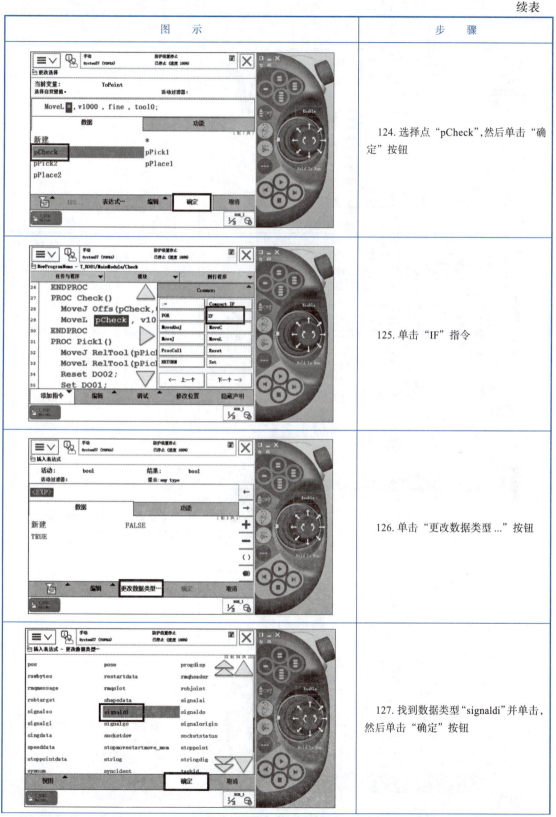	124. 选择点"pCheck",然后单击"确定"按钮
	125. 单击"IF"指令
	126. 单击"更改数据类型…"按钮
	127. 找到数据类型"signaldi"并单击,然后单击"确定"按钮

续表

图　示	步　骤
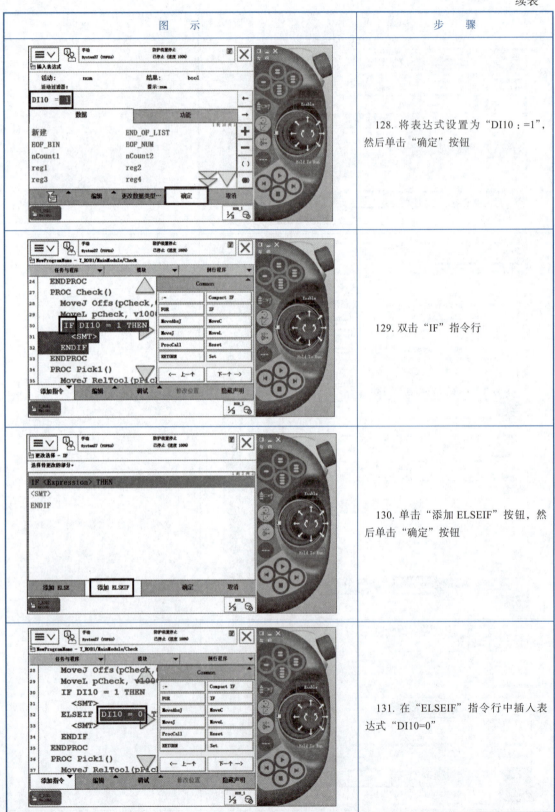	128. 将表达式设置为"DI10：=1"，然后单击"确定"按钮
	129. 双击"IF"指令行
	130. 单击"添加 ELSEIF"按钮，然后单击"确定"按钮
	131. 在"ELSEIF"指令行中插入表达式"DI10=0"

项目七 搬运机器人工作站现场编程与调试

续表

图 示	步 骤
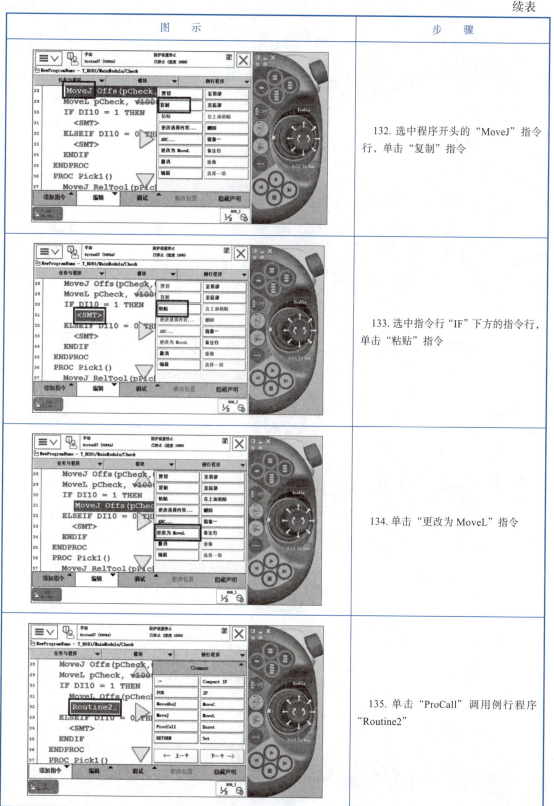	132. 选中程序开头的"MoveJ"指令行,单击"复制"指令
	133. 选中指令行"IF"下方的指令行,单击"粘贴"指令
	134. 单击"更改为MoveL"指令
	135. 单击"ProCall"调用例行程序"Routine2"

续表

图 示	步 骤
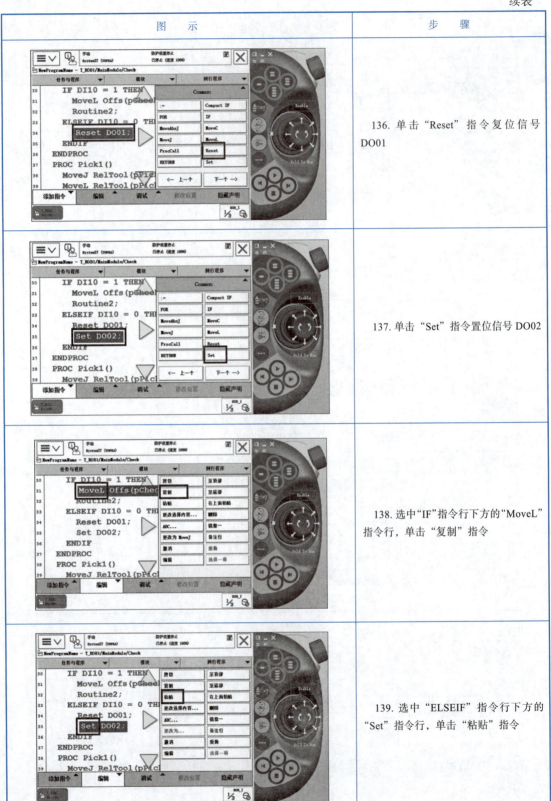	136. 单击"Reset"指令复位信号 DO01
	137. 单击"Set"指令置位信号 DO02
	138. 选中"IF"指令行下方的"MoveL"指令行,单击"复制"指令
	139. 选中"ELSEIF"指令行下方的"Set"指令行,单击"粘贴"指令

项目七 搬运机器人工作站现场编程与调试

续表

图 示	步 骤
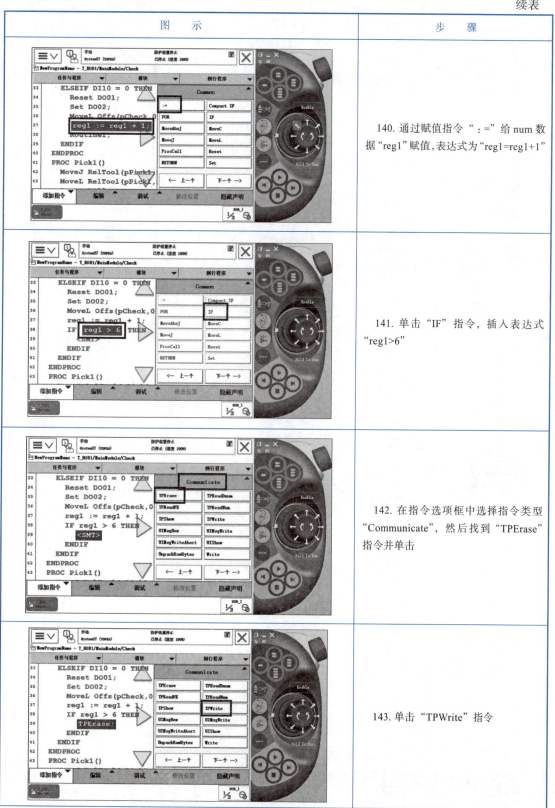	140. 通过赋值指令"：="给 num 数据"reg1"赋值，表达式为"reg1=reg1+1"
	141. 单击"IF"指令，插入表达式"reg1>6"
	142. 在指令选项框中选择指令类型"Communicate"，然后找到"TPErase"指令并单击
	143. 单击"TPWrite"指令

续表

图 示	步 骤
	144. 单击"下方"按钮
	145. 双击""""
	146. 单击"编辑"按钮,然后单击"ABC..."选项
	147. 在引号内输入"There are no boxes on pallet.Please check it.",然后单击"确定"按钮

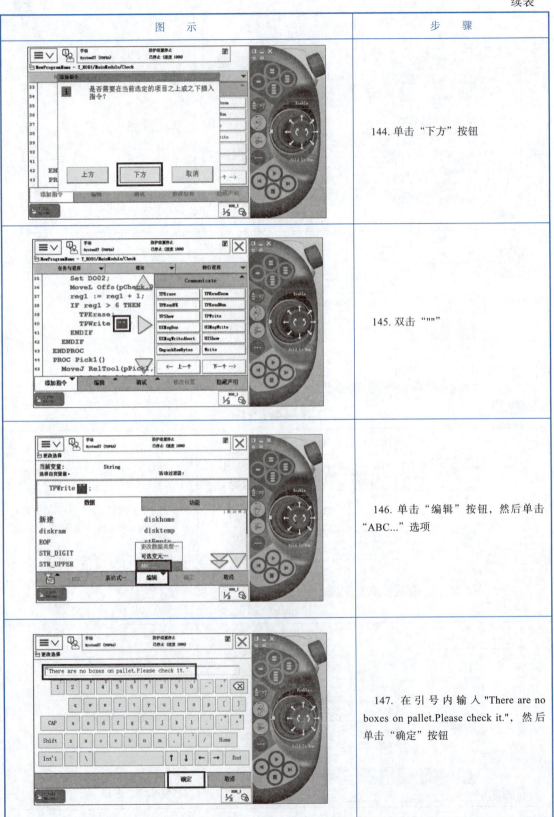

续表

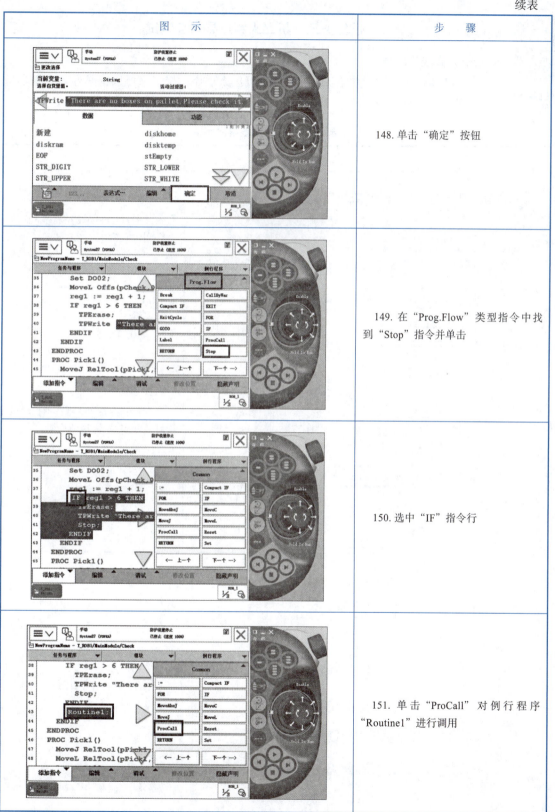

图 示	步 骤
	148. 单击"确定"按钮
	149. 在"Prog.Flow"类型指令中找到"Stop"指令并单击
	150. 选中"IF"指令行
	151. 单击"ProCall"对例行程序"Routine1"进行调用

● 视 频

搬运机器人
程序的导入

子任务三 机器人程序导入与调试

（一）离线程序导入

在 RobotStudio 虚拟仿真软件中编写完机器人程序，接下来可以将其导入到现场机器人设备中，具体步骤参考表 7-12。

表 7-12 导入离线程序步骤

图 示	步 骤
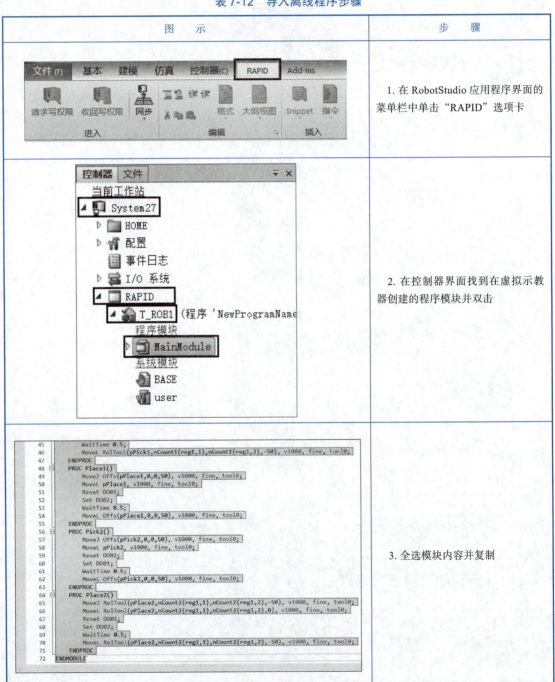	1. 在 RobotStudio 应用程序界面的菜单栏中单击"RAPID"选项卡
	2. 在控制器界面找到在虚拟示教器创建的程序模块并双击
	3. 全选模块内容并复制

项目七　搬运机器人工作站现场编程与调试

续表

图　　示	步　　骤
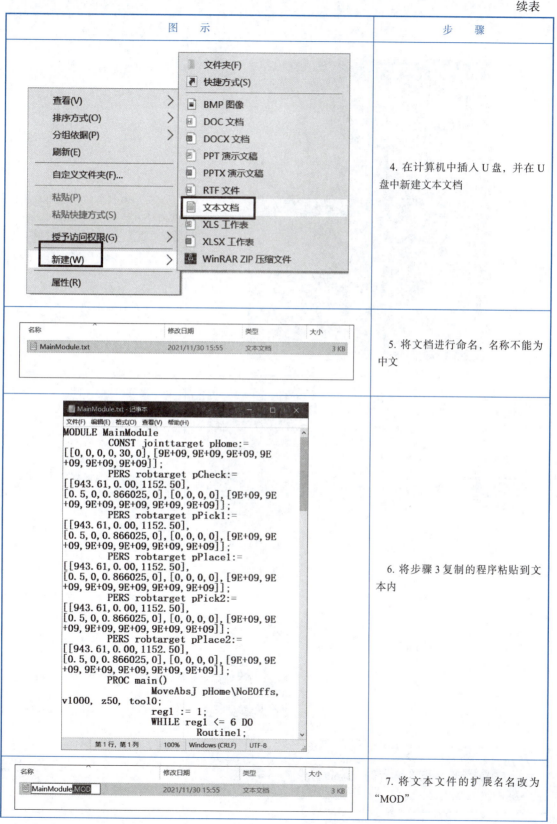	4. 在计算机中插入U盘，并在U盘中新建文本文档
	5. 将文档进行命名，名称不能为中文
	6. 将步骤3复制的程序粘贴到文本内
	7. 将文本文件的扩展名名改为"MOD"

231

续表

图 示	步 骤
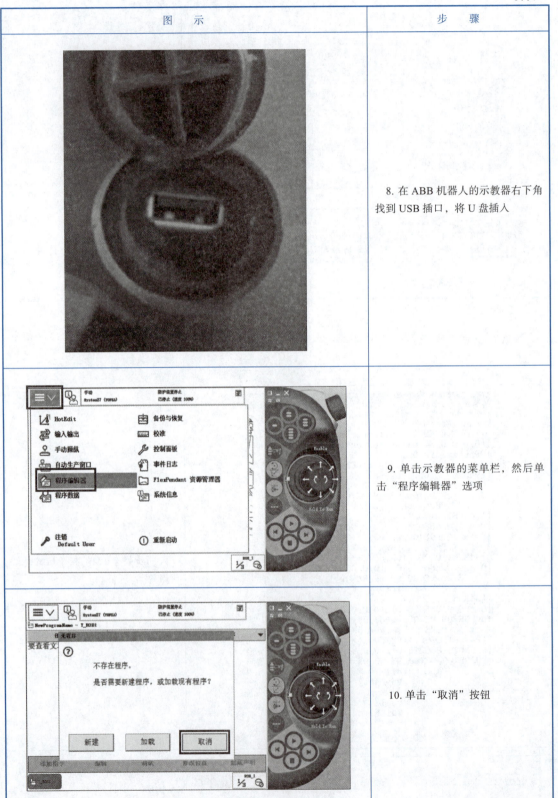	8. 在 ABB 机器人的示教器右下角找到 USB 插口,将 U 盘插入
	9. 单击示教器的菜单栏,然后单击"程序编辑器"选项
	10. 单击"取消"按钮

项目七 搬运机器人工作站现场编程与调试

续表

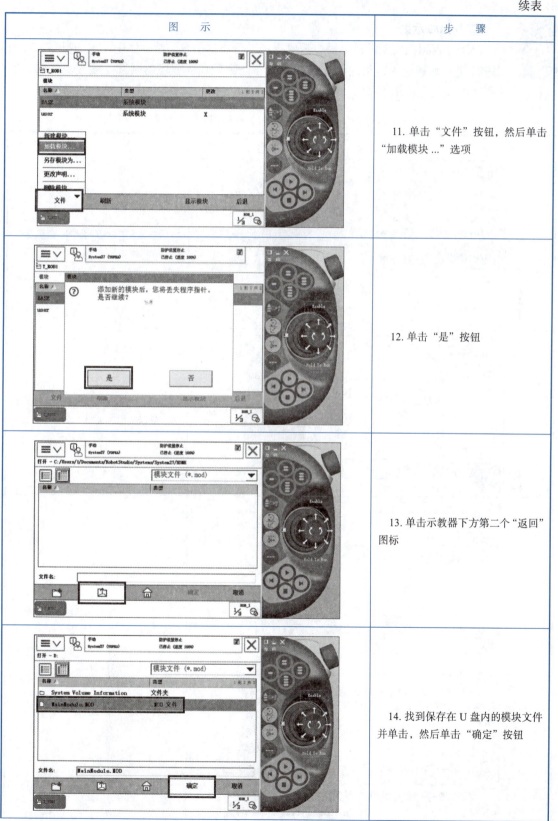

图　　示	步　　骤
	11. 单击"文件"按钮，然后单击"加载模块…"选项
	12. 单击"是"按钮
	13. 单击示教器下方第二个"返回"图标
	14. 找到保存在U盘内的模块文件并单击，然后单击"确定"按钮

233

（二）点位示数

程序导入到机器人设备中后，需要现场进行点位示教，给程序中设定的机器人位置点进行在线现场输入，正确示教点位以后才能进行在线程序的调试，参考表7-13，完成程序的在线点位示教任务。

视 频
搬运目标点的示教

表7-13 程序的在线点位示教步骤

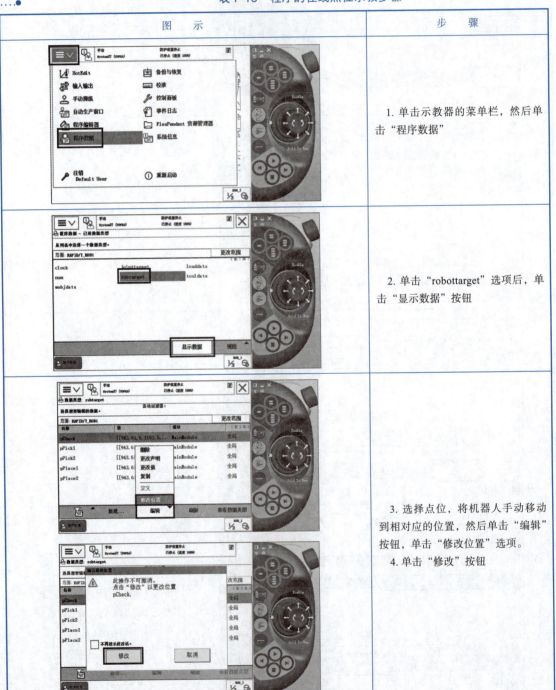

图 示	步 骤
	1. 单击示教器的菜单栏，然后单击"程序数据"
	2. 单击"robottarget"选项后，单击"显示数据"按钮
	3. 选择点位，将机器人手动移动到相对应的位置，然后单击"编辑"按钮，单击"修改位置"选项。 4. 单击"修改"按钮

项目七　搬运机器人工作站现场编程与调试

续表

图　示	步　骤
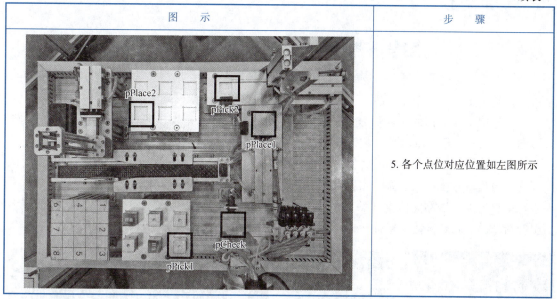	5.各个点位对应位置如左图所示

项目评价

本项目将从知识、技能和素养三个方面进行评价，其具体的评价指标参考表 7-14。

表 7-14　项目评价表

知识、技能和素养	评价指标	评价结果
知识方面（30%）	1.熟悉工业机器人的操作安全知识； 2.熟悉工业机器人的坐标系相关知识； 3.掌握工业机器人工作站的构建和调试方法	自我评价 □A　□B　□C 教师评价 □A　□B　□C
职业技能（50%）	1.完成工业机器人工作站系统周边设备设置与级联； 2.完成机器人及 PLC 系统编程； 3.完成机器人在线示教； 4.完成工业机器人搬运工作站系统集成调试	自我评价 □A　□B　□C 教师评价 □A　□B　□C
职业素养（20%）	1.具备团队协作和创新意识； 2.客观自我评价； 3.做到"6S"管理要求	自我评价 □A　□B　□C 教师评价 □A　□B　□C
学生签字：	指导教师签字：	年　月　日

课后阅读

智慧与科技的力量——解放人类双手的革命

人们用智慧创造了一场又一场的科技革命,"机器人之父"约瑟夫·恩格尔伯格在1962年,制造了人类历史上第一个工业机器人Unimate,真正的搬运机器人诞生了!半个多世纪过去了,经过数次迭代,从最初的工业领域已经慢慢辐射至各行各业,衍生出各种不同功能属性的机器人形态,对大众生活有翻天覆地的改变。

天宫机械臂便是最为经典的案例之一,如图7-12所示,天宫机械臂是我国目前智能程度最高、规模与技术难度最大、系统最复杂的空间智能制造系统,总质量为738 kg,拥有7个仿真人手臂的自由度,能够完成空间站的在轨组装、在轨维修、从货运飞船里搬运货物、辅助航天员出舱活动、空间站舱体的检查、捕获悬停飞行器等任务。

图7-12 天宫机械臂

随着技术水平整体提升,机器人能够做更多的事,涉猎领域也越来越多,效能提升有目共睹,有利于推动各相关行业的发展,能够释放更多的人力从事其他创造性工种。半个世纪时间,从最初的机器人形态到如今的机器人形态,是大趋势也是必然情况。

搬运机器人给我们的生活带来了无数的美好与改变,当生活逐渐迈入更高的水平时,对机器人亦提出了更先进的需求。科幻电影机器人形态或许离我们还有段距离,但全民开启机器人协作场景已经悄然而至,不管是工业级机器人的运用还是服务机器人场景,都已经步入一个快速发展期,对于大众生活也将产生颠覆性变化,一个全新的机器人时代、智能化时代即将到来,你准备好了吗?

项目八
码垛机器人工作站现场编程与调试

学习目标

1. 知识目标
（1）熟悉工业机器人的操作安全知识；
（2）熟悉工业机器人的码垛的相关知识；
（3）掌握工业机器人工作站的构建和调试方法。

2. 职业技能目标
（1）具备安全规范操作工业机器人能力；
（2）具备工业机器人工作站系统周边设备级联能力；
（3）具备机器人码垛程序的设计方法与在线示教能力；
（4）具备工业机器人码垛工作站系统集成编程与调试能力。

3. 职业素养目标
（1）具备工业机器人岗位职业操守及安全防范意识；
（2）具有团队协作的意识和良好沟通能力；
（3）具备爱岗敬业，精益求精，乐观向上的职业精神。

项目导入

随着生产企业从劳动密集型向生产技术型发展，企业的运转速度越来越快，生产企业每天将有成吨的货物需要堆放，单靠人力进行堆叠和传输效率很低，且仓库不可以随意堆放货物。采用自动码垛机器人，通过重复动作，码垛机器人袋装、箱装或是其他包装形状的产品按照要求的工作方式自动堆叠成垛，可堆码多层。还可配置自动称重、贴标签和检测及通信系统，与生产控制系统相连接，形成包装生产线。机器人码垛工作站运作灵活精准、快速高效、稳定性高，操作简单，大大节省了劳动力，被广泛应用于食品、饮料、饲养、医疗、化工、建材、汽车制造等行业。

码垛机器人进行自动化码垛作业，就是把货物按照规定的摆放顺序与层次整齐地堆叠好。码垛机器人配有特殊定制设计的多功能抓取器，适应不同的包装箱尺寸或重量。码垛系统中末端执行器主要有吸附式、夹板式、抓取式和组合式等形式。吸附式机械手爪在码垛中主要是真空吸附，用于吸盘吸取的码垛物，如覆膜包装盒、装啤酒箱、塑料箱、纸箱等，广泛应用于医药、食品、烟酒。夹板式机械手爪是码垛过程中常见的一类手爪，常见的有单板式和双板式，主要用于整箱货物规则和码垛，夹板式机械手爪夹持力度比吸附式手爪大，并且两侧板光滑不会损伤码垛产品外观质量，单板式与双板式的侧板一般都会有可旋转爪钩。抓取式机械手爪是一种可灵活适应不同形状和内含物的包装袋，主要用于袋装物的码放，如面粉、饲料、水泥、化肥等。组合式机械手爪是通过组合获得各单组手爪之间既可以单独使用又可配合使用，可同时满足多个工位的码垛。

本项目以基本的机器人码垛作业工作站为例，码垛工业机器人的作业示意图如图8-1所示。通过对工业机器人搬运工作站的布局、周边设备的配置、工件坐标、工具坐标的创建、机器人运动轨迹的创建、工业机器人离线编程在线示教、程序导入等步骤，实现典型码垛工作站的构建及在线调试。通过项目任务的实施，学生能够了解工业机器人的系统的集成与调试，综合运用PLC、触摸屏等设备完成机器人码垛工作站的系统联接，掌握工业机器人在线编程及调试技术，完成码垛搬运作业系统调试。

图8-1　码垛工业机器人作业

项目实现

任务一　码垛机器人工作站系统集成

任务主要包括了解码垛机器人工作站系统集成，熟悉码垛任务，规划设计其工作流程。

子任务一　码垛机器人工作站构成

码垛机器人工作站硬件系统结构与上一章一致。主要用到的模块是物料舵盘存储模块（每套舵盘存储模块有2行3列共6个仓位，用于暂存从传输链模块的工件），传输链模块（包含传感器检测设备等，可实现物料的到位检测），低仓储模块主要是对物料的初级处理。码垛工作站的作业面如图8-2所示，主要包含井式上料模块、步进输送模块、物料暂存模块三个模块。

项目八 码垛机器人工作站现场编程与调试

图 8-2 码垛机器人工作站作业面

1. 井式上料模块

井式上料模块由气缸组件、料库组件、传感器和方块工件等组成，为机器人码垛搬运流程供料，装置形态为垂直顺序落料式，结构形态如图 8-3 所示。上料模块的运行由 PLC 控制出库，气缸逐次推出料仓管内的工件，送至皮带输送机构上。料仓的下部安装光纤传感器，用于检测内部工件有无。

图 8-3 井式上料模块

2. 步进输送模块

步进输送机由铝合金型材搭建，同步齿形带传输带，结构简单，实际设备如图 8-4 所示。

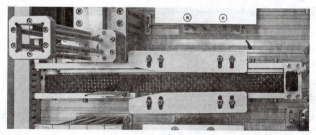

图 8-4 步进输送机

3. 物料暂存模块

每套物料暂存模块有 2 行 3 列共 6 个仓位，用于暂存上下料模块组装用的工件。如图 8-5 所示排布方式。

图 8-5 物料暂存模块

子任务二 码垛机器人工作站任务

码垛机器人工作站任务主要包含以下流程，首先建立码垛工作站，如图 8-6（a）接着确定工业机器人的工作空间和码垛区域，然后进行码垛轨迹的规划，确定工作点位，最后进行码垛程序的离线编写，生产轨迹后进行仿真验证。工作的流程如图 8-6（b）所示。

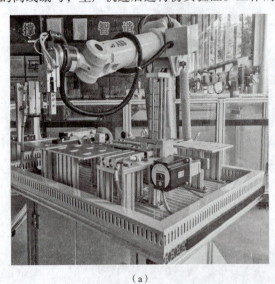
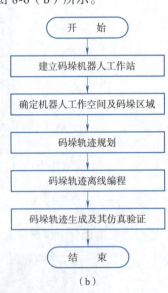

（a）　　　　　　　　　　　　　（b）

图 8-6 码垛机器人工作站任务

任务二 码垛工作站设备组态

码垛机器人工作站设备组态任务主要包括 PLC 变量设置，触摸屏的组态以及 PLC 程序的编写，是系统控制组成重要内容。

子任务一 PLC 变量设置

对码垛工作站设备进行组态,首先对变量进行设置,PLC 的变量按表 8-1 所示设置。设置的操作步骤可参表 7-3。

表 8-1 PLC 变量表定义

输入	作用	输出	作用	继电器	作用
I0.1	启动按钮	Q0.0	步进电动机启动	M2.0	轴启动控制
I0.3	料仓物料检测	Q0.1	步进电动机方向		
I0.4	传送带物料检测	Q0.5	红灯		
I1.0	料仓气缸伸出限位	Q0.7	绿灯		
I1.1	料仓气缸缩回限位	Q2.0	料仓气缸		
		Q3.0	机器人信号 DI09		

子任务二 PLC 及 HMI 设备组态

接下来对 PLC 及触摸屏进行组态,组态的步骤见表 8-2。

表 8-2 PLC 及 HMI 设备的组态

图示	步骤
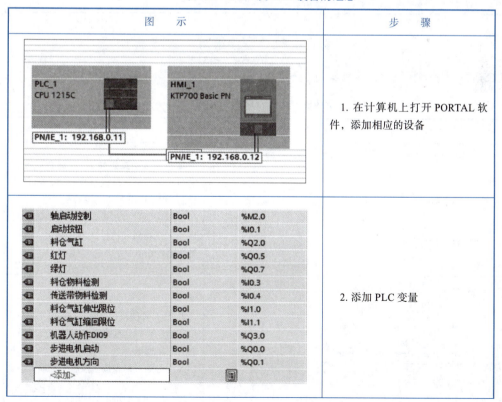	1. 在计算机上打开 PORTAL 软件,添加相应的设备
	2. 添加 PLC 变量

视 频

PLC 硬件组态与程序设计

续表

图 示	步 骤
	3. 在此窗口下对程序进行设计。具体程序内容请参照"表 8-3"
	4. 对 HMI 设备画面进行编辑

子任务三　PLC 程序编写

对 PLC 运行程序进行编写，步骤详见表 8-3。

表 8-3　PLC 程序编写步骤

图 示	步 骤
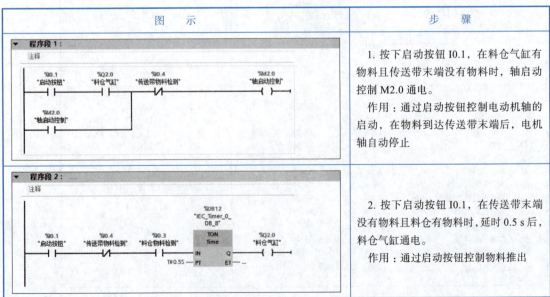	1. 按下启动按钮 I0.1，在料仓气缸有物料且传送带末端没有物料时，轴启动控制 M2.0 通电。 作用：通过启动按钮控制电动机轴的启动，在物料到达传送带末端后，电机轴自动停止
	2. 按下启动按钮 I0.1，在传送带末端没有物料且料仓有物料时，延时 0.5 s 后，料仓气缸通电。 作用：通过启动按钮控制物料推出

项目八 码垛机器人工作站现场编程与调试

续表

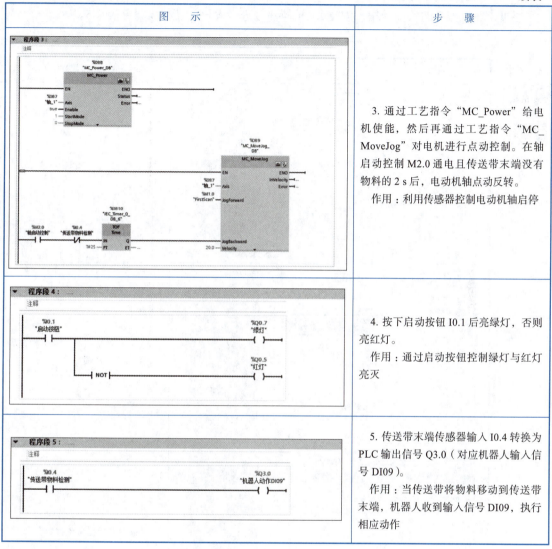

图示	步骤
(程序段3)	3. 通过工艺指令"MC_Power"给电机使能，然后再通过工艺指令"MC_MoveJog"对电机进行点动控制。在轴启动控制 M2.0 通电且传送带末端没有物料的 2 s 后，电动机轴点动反转。 作用：利用传感器控制电动机轴启停
(程序段4)	4. 按下启动按钮 I0.1 后亮绿灯，否则亮红灯。 作用：通过启动按钮控制绿灯与红灯亮灭
(程序段5)	5. 传送带末端传感器输入 I0.4 转换为 PLC 输出信号 Q3.0（对应机器人输入信号 DI09）。 作用：当传送带将物料移动到传送带末端，机器人收到输入信号 DI09，执行相应动作

任务三　工业机器人程序编写与调试

工业机器人程序编写任务主要包括对机器人的软件设置以及机器人程序设计，完成离线程序编写后，将程序导入机器人，并进行现场点位示教，最后完成程序的在线调试任务。

子任务一　机器人软件配置

对工业机器人的软件进行配置操作，首先对 IO 进行定义，ABB 机器人 IO 表定义见下表 8-4。

表 8-4　ABB 机器人 IO 表定义

输入	作用	输出	作用
DI09	码垛命令	DO01	手抓松开
		DO02	手抓夹紧

（一）IO 板与信号的创建

通过工业机器人的软件操作，创建 IO 板与信号进行设置，具体步骤见表 8-5。

表 8-5　IO 板与信号的创建

视　频

码垛通信板和信号的创建 –1

图　示	步　骤
	1. 启动机器人
	2. 在示教器画面的菜单栏找到"控制面板"选项
	3. 选中"配置系统参数"选项
	4. 单击"DeviceNet Device"选项

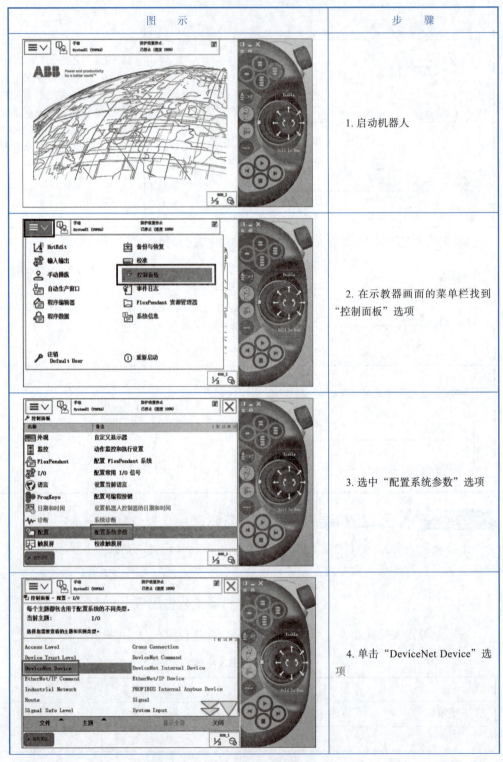

续表

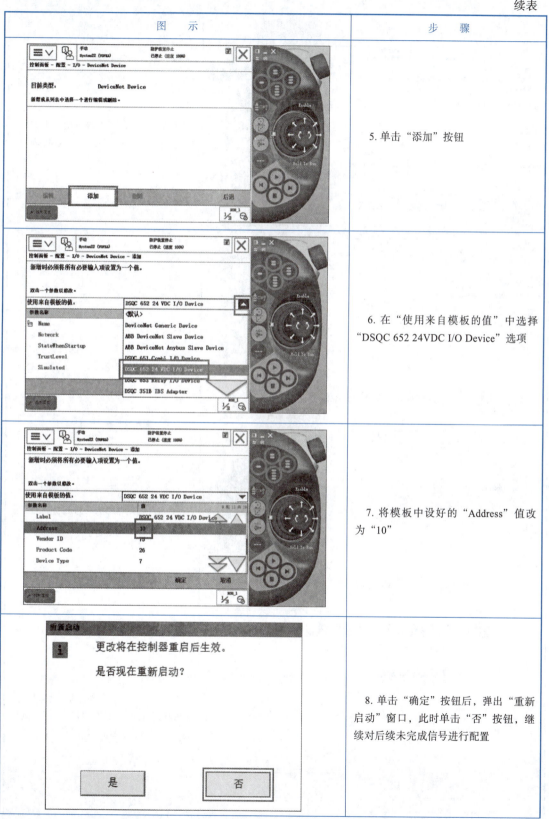

图 示	步 骤
	5. 单击"添加"按钮
	6. 在"使用来自模板的值"中选择"DSQC 652 24VDC I/O Device"选项
	7. 将模板中设好的"Address"值改为"10"
	8. 单击"确定"按钮后，弹出"重新启动"窗口，此时单击"否"按钮，继续对后续未完成信号进行配置

续表

图 示	步 骤
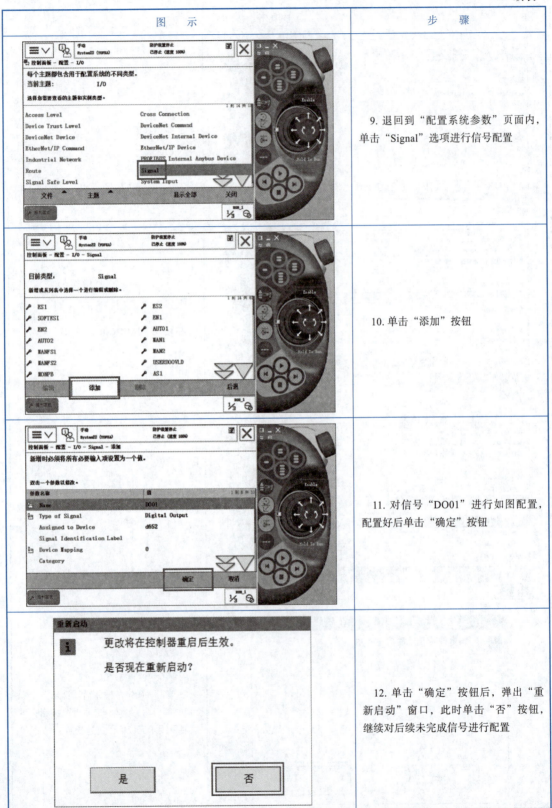	9. 退回到"配置系统参数"页面内,单击"Signal"选项进行信号配置
	10. 单击"添加"按钮
	11. 对信号"DO01"进行如图配置,配置好后单击"确定"按钮
	12. 单击"确定"按钮后,弹出"重新启动"窗口,此时单击"否"按钮,继续对后续未完成信号进行配置

项目八 码垛机器人工作站现场编程与调试

续表

图 示	步 骤
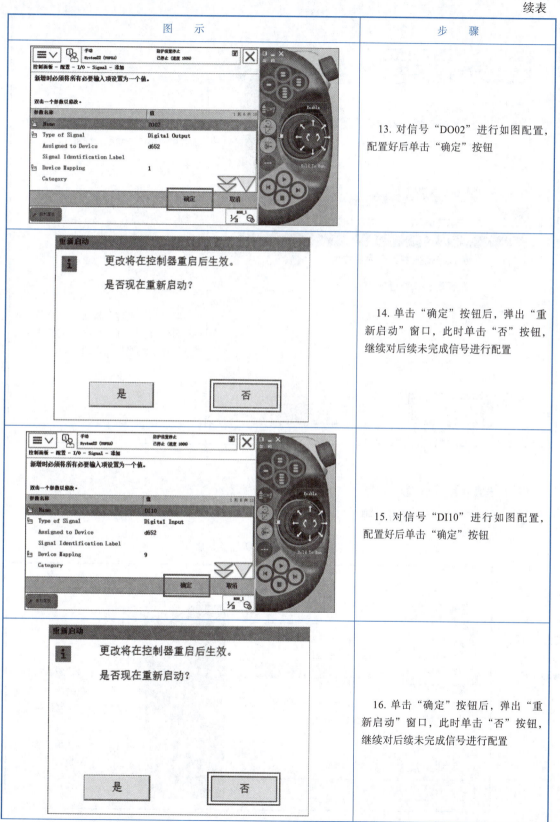	13. 对信号"DO02"进行如图配置，配置好后单击"确定"按钮
	14. 单击"确定"按钮后，弹出"重新启动"窗口，此时单击"否"按钮，继续对后续未完成信号进行配置
	15. 对信号"DI10"进行如图配置，配置好后单击"确定"按钮
	16. 单击"确定"按钮后，弹出"重新启动"窗口，此时单击"否"按钮，继续对后续未完成信号进行配置

续表

图　示	步　骤
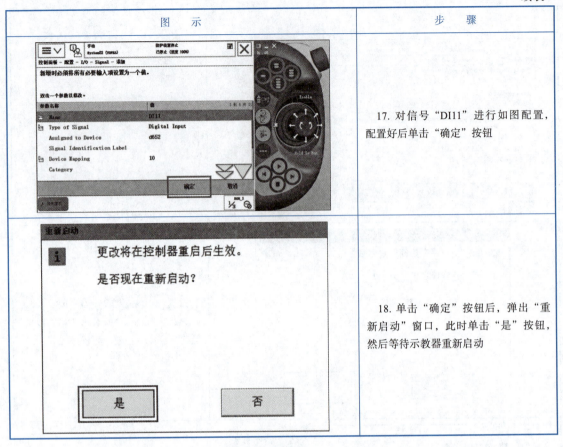	17. 对信号"DI11"进行如图配置，配置好后单击"确定"按钮
	18. 单击"确定"按钮后，弹出"重新启动"窗口，此时单击"是"按钮，然后等待示教器重新启动

（二）设置可编程按键

按表8-6所示步骤完成可编程按键的设置。

表8-6　可编程按键设置步骤

码垛可编程按键的使用

图　示	步　骤
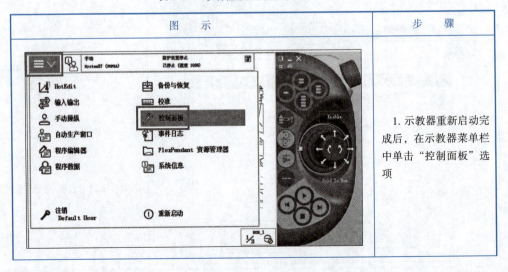	1. 示教器重新启动完成后，在示教器菜单栏中单击"控制面板"选项

续表

图 示	步 骤
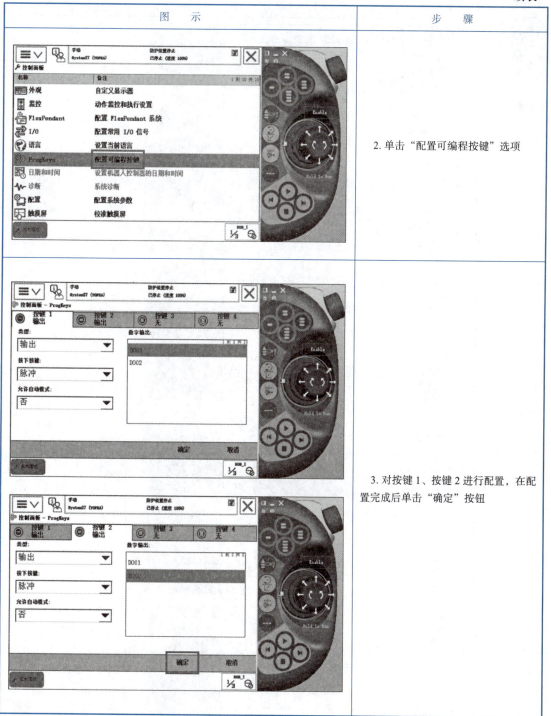	2. 单击"配置可编程按键"选项 3. 对按键1、按键2进行配置,在配置完成后单击"确定"按钮

(三) 工具坐标的创建

接下来,完成工具坐标的创建,步骤见表 8-7。

表 8-7 工具坐标的创建步骤

图 示	步 骤
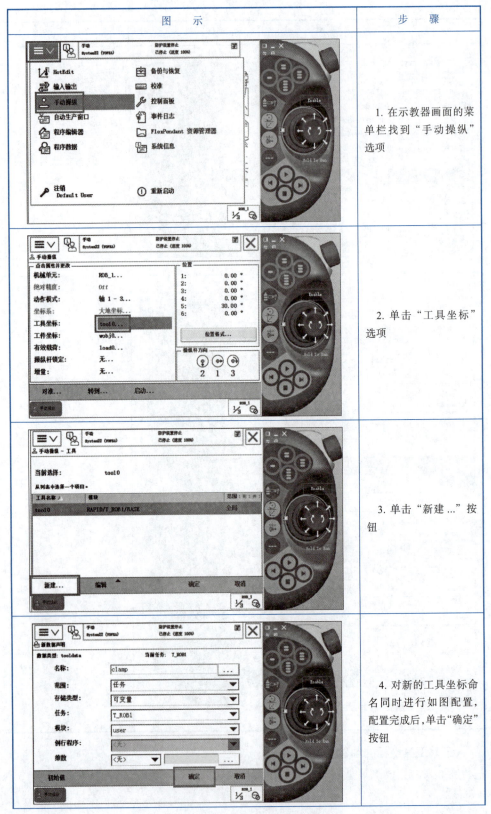	1. 在示教器画面的菜单栏找到"手动操纵"选项
	2. 单击"工具坐标"选项
	3. 单击"新建..."按钮
	4. 对新的工具坐标命名同时进行如图配置,配置完成后,单击"确定"按钮

视 频

码垛工具坐标的创建（处理后）

项目八 码垛机器人工作站现场编程与调试

续表

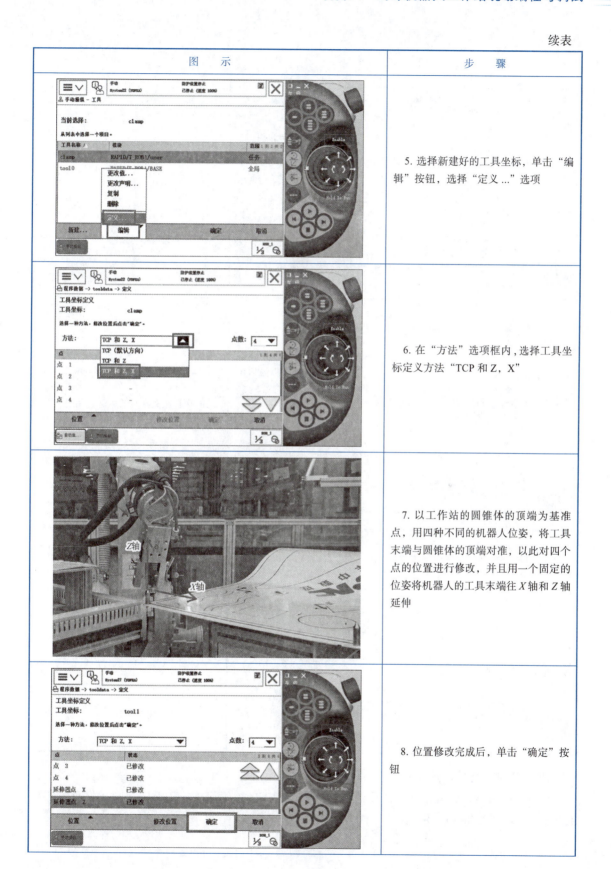

续表

图 示	步 骤
	9. 单击"确定"按钮
	10. 选择定义好的工具坐标,单击"编辑"按钮,选择"更改值..."选项
	11. 将工具坐标内的参数"mass"的值改为"1.5"

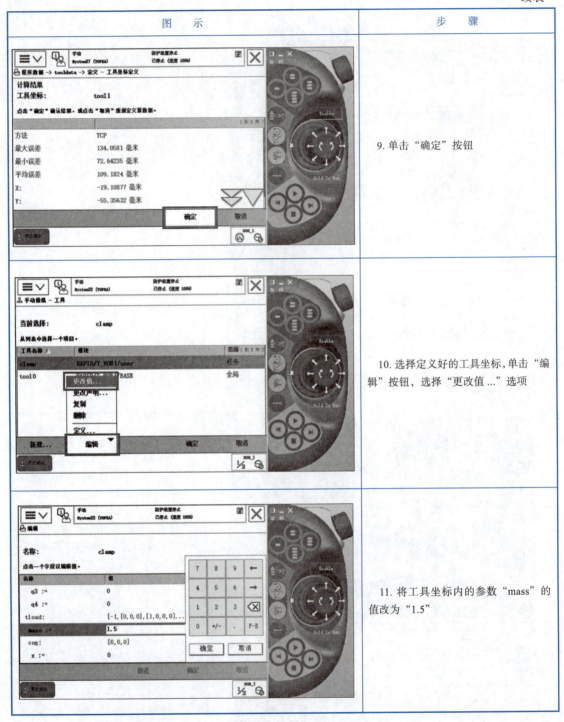

(四)工件坐标的创建

在对工业机器人编程之前,需要给机器人一个运动的参考坐标,因此需要对工件对象建立工件坐标。参见表 8-8 所述,完成工件坐标的创建。

表 8-8 工件坐标创建步骤

图 示	步 骤
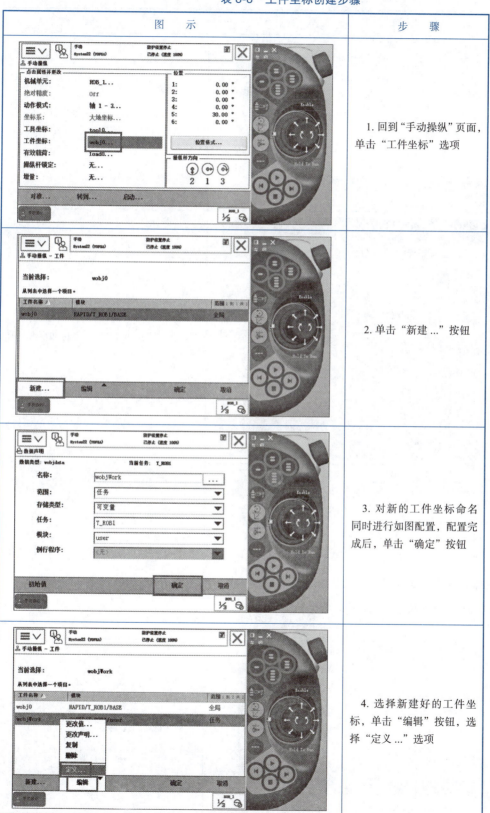	1. 回到"手动操纵"页面,单击"工件坐标"选项
	2. 单击"新建…"按钮
	3. 对新的工件坐标命名同时进行如图配置,配置完成后,单击"确定"按钮
	4. 选择新建好的工件坐标,单击"编辑"按钮,选择"定义…"选项

视 频

码垛工件坐标的创建

续表

图示	步骤
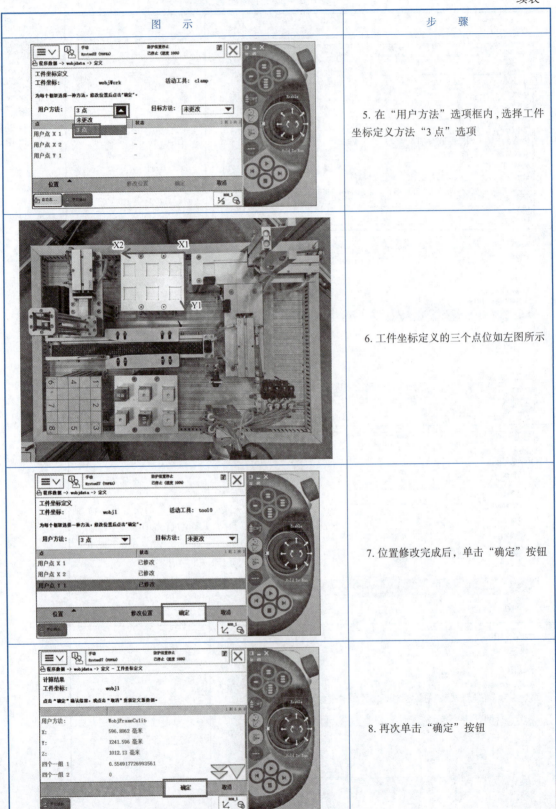	5. 在"用户方法"选项框内,选择工件坐标定义方法"3点"选项
	6. 工件坐标定义的三个点位如左图所示
	7. 位置修改完成后,单击"确定"按钮
	8. 再次单击"确定"按钮

（五）设定程序数据

对程序中所需要的数据进行设定，按表 8-9 所述步骤，完成程序数据的设定。

表 8-9　程序数据设定步骤

码垛位置数组的创建

图　　示	步　　骤
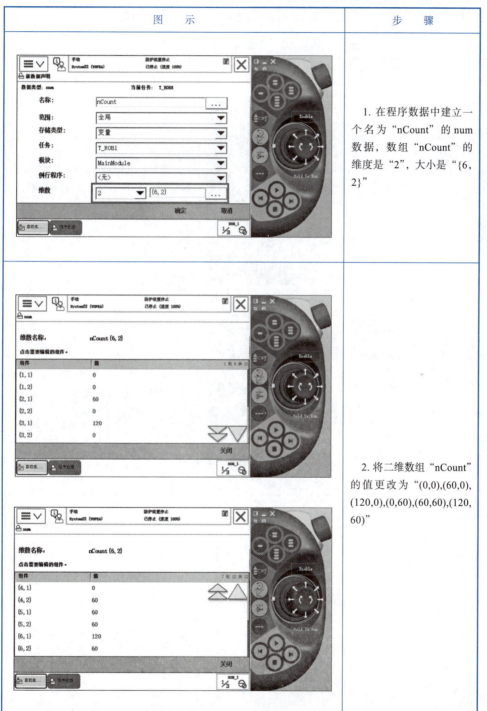	1. 在程序数据中建立一个名为"nCount"的 num 数据，数组"nCount"的维度是"2"，大小是"{6, 2}"
	2. 将二维数组"nCount"的值更改为"(0,0),(60,0),(120,0),(0,60),(60,60),(120,60)"

视频

码垛机器人程序的设计

子任务二 机器人程序设计

在完成机器人系统的配置后，进行机器人运行程序的设计。在 ABB RobotStudio 中创建虚拟仿真运行程序，参见表 8-10 所述步骤，完成机器人的程序设计。

表 8-10 机器人程序设计步骤

图 示	步 骤
（示教器主界面图示）	1. 在计算机上的"ABB Robot Studio"软件中新建好工作站后，打开示教器，并将示教器设为手动模式
（例行程序列表图示：main()、Pick1()、Pick2()、Place1()、Place2()）	2. 在程序编辑器新建的模块中建立名为"main"、"Pick1"、"Pick2"、"Place1"、"Place2"的五个例行程序

`PROC main()`
1   `MoveAbsJ pHome\NoEOffs, v1000, fine, tool0;`
2   `reg1 := 1;`
3   `WHILE reg1 <= 6 DO`
4   `Pick1;`
5   `Place1;`
6   `WaitDI DI09, 1;`
7   `Pick2;`
8   `Place2;`
9   `reg1 := reg1 + 1;`
    `ENDWHILE`
`ENDPROC`	

续表

图 示	步 骤
PROC Pick1() 1 MoveJ pPick1B, v1000, fine, tool0; 2 MoveJ Offs(pPick1,-50,0,0), v1000, fine, tool0; 3 MoveL pPick1, v1000, fine, tool0; 4 Reset DO02; 5 Set DO01; 6 WaitTime 0.5; 7 MoveL Offs(pPick1,-50,0,0), v1000, fine, tool0; 8 MoveJ pPick1B, v1000, fine, tool0; ENDPROC	
PROC Place1() 1 MoveJ Offs(pPlace1,0,0,50), v1000, fine, tool0; 2 MoveL pPlace1, v1000, fine, tool0; 3 Reset DO01; 4 Set DO02; 5 WaitTime 0.5; 6 MoveL Offs(pPlace1,0,0,50), v1000, fine, tool0; ENDPROC	
PROC Pick2() 1 MoveJ Offs(pPick2,0,0,50), v1000, fine, tool0; 2 MoveL pPick2, v1000, fine, tool0; 3 Reset DO02; 4 Set DO01; 5 WaitTime 0.5; 6 MoveL Offs(pPick2,0,0,50), v1000, fine, tool0; ENDPROC	
PROC Place2() 1 MoveJ Offs(pPlace2,nCount{reg1,1},nCount{reg1,2},50), v1000, fine, tool0\WObj:=wobj1; 2 MoveL Offs(pPlace2,nCount{reg1,1},nCount{reg1,2},0), v1000, fine, tool0\WObj:=wobj1; 3 Reset DO01; 4 Set DO02; 5 WaitTime 0.5; 6 MoveL Offs(pPlace2,nCount{reg1,1},nCount{reg1,2},50), v1000, fine, tool0\WObj:=wobj1; ENDPROC	

视频

码垛机器人
程序的导入

子任务三 机器人程序导入与调试

（一）离线程序导入

在 ABB RobotStudio 中创建的离线仿真运行程序进行仿真验证后，通过示教器接口，将程序导入到现场的机器人设备中，参考表 8-11 所述步骤，完成程序的导入。

表 8-11 机器人离线程序导入步骤

图　示	步　骤
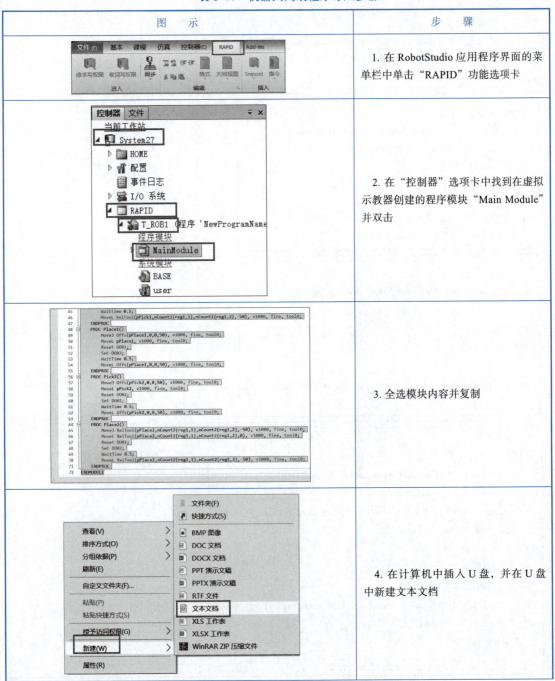	1. 在 RobotStudio 应用程序界面的菜单栏中单击"RAPID"功能选项卡
	2. 在"控制器"选项卡中找到在虚拟示教器创建的程序模块"Main Module"并双击
	3. 全选模块内容并复制
	4. 在计算机中插入 U 盘，并在 U 盘中新建文本文档

续表

图　示	步　骤
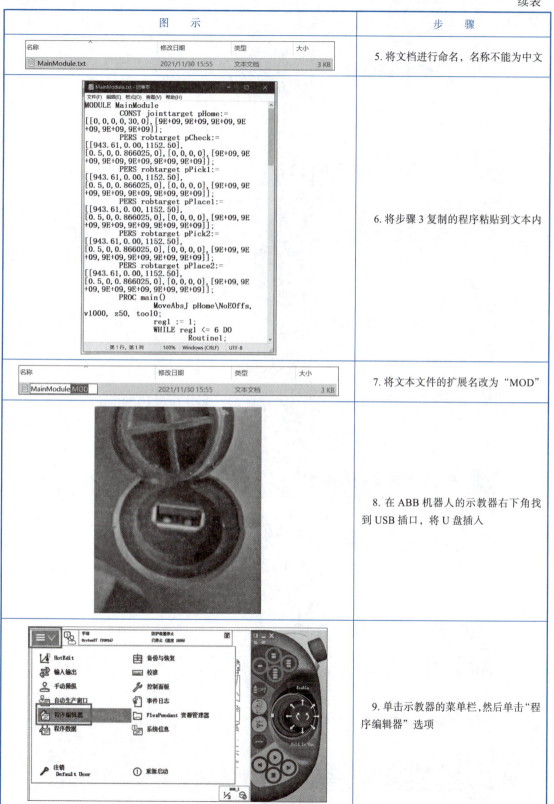	5. 将文档进行命名，名称不能为中文
	6. 将步骤3复制的程序粘贴到文本内
	7. 将文本文件的扩展名改为"MOD"
	8. 在ABB机器人的示教器右下角找到USB插口，将U盘插入
	9. 单击示教器的菜单栏，然后单击"程序编辑器"选项

续表

图　　示	步　　骤
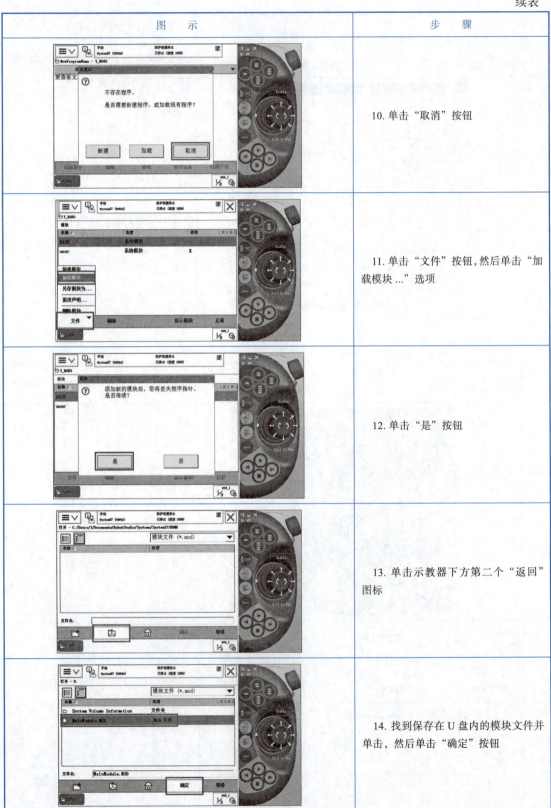	10. 单击"取消"按钮
	11. 单击"文件"按钮，然后单击"加载模块…"选项
	12. 单击"是"按钮
	13. 单击示教器下方第二个"返回"图标
	14. 找到保存在U盘内的模块文件并单击，然后单击"确定"按钮

（二）在线点位示教

在程序导入到机器人设备后，需要对离线编写的程序中的具体点位，进行在线的示教，并保存到程序中。具体步骤参见表8-12，完成机器人程序的在线点位示教操作。

视 频

码垛工作站的运行

表8-12 在线点位示教操作步骤

图　示	步　骤
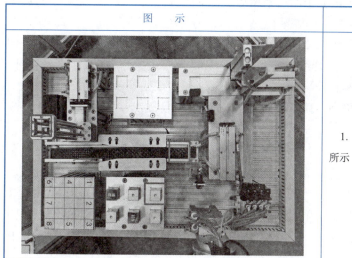	1.各个点位对应位置如左图所示

视 频

码垛目标点的示教

项目评价

本项目将从知识、技能和素养三个方面进行评价，其具体的评价指标参考表8-13。

表8-13 项目评价表

知识、技能和素养	评价指标	评价结果
知识方面（30%）	1.熟悉工业机器人的操作安全知识； 2.熟悉工业机器人的码垛相关知识； 3.掌握工业机器人工作站的构建和调试方法	自我评价 □A □B □C
		教师评价 □A □B □C
职业技能（50%）	1.完成工业机器人工作站系统周边设备设置与级联； 2.完成机器人及PLC系统编程； 3.完成机器人码垛程序的设计与示教； 4.完成工业机器人码垛工作站系统集成调试	自我评价 □A □B □C
		教师评价 □A □B □C
职业素养（20%）	1.具备团队协作和创新意识； 2.客观自我评价； 3.做到"6S"管理要求	自我评价 □A □B □C
		教师评价 □A □B □C
学生签字：	指导教师签字：	年　月　日

匠心报国，强国有我！

摸索出核心零部件新焊法，助力中国货车奔向世界；在 1 500 m 深海，指挥两台水下机器人进行脐带缆安装作业，让"深海一号"稳立万顷碧涛；组装神舟飞船，助力 17 名航天员进入太空……第九季《大国工匠·匠心报国》中的这些技能超群的大国工匠，砺匠人之心、行匠人之事，生动体现了劳模精神、劳动精神、工匠精神。

习近平总书记在致首届大国工匠创新交流大会的贺信中，强调"技术工人队伍是支撑中国制造、中国创造的重要力量。我国工人阶级和广大劳动群众要大力弘扬劳模精神、劳动精神、工匠精神，适应当今世界科技革命和产业变革的需要，勤学苦练、深入钻研，勇于创新、敢为人先，不断提高技术技能水平，为推动高质量发展、实施制造强国战略、全面建设社会主义现代化国家贡献智慧和力量"。

无论是传统制造业还是新兴制造业，新时代青年技术工人身上蕴藏的工匠精神，始终是创新发展的内生动力。我们年轻人要努力成为有责任、有担当、勇于奋斗、不断钻研的专业技术人才，勇于承担起历史赋予的伟大使命，体会祖国的发展与自身息息相关，共同把我国由制造业大国打造成制造业强国。在面对挫折、解决困难的过程中培养自信，反复打磨自己，不断追求技能提升，将自己的工作用心做到更好，不断传承创新，追求极致，做到"学有所练、学有所用"。

今天，我们比以往任何时候都需要更多技术工人，尤其是高技能人才。无论是突破"卡脖子"技术，实现高水平科技自立自强，还是建设制造强国，推动经济发展质量变革、效率变革、动力变革，都需要大力弘扬工匠精神，发挥技术工人队伍的聪明才智。

制造业是国家经济命脉所系，发展高端制造业是中国加速制造业转型升级、实现制造强国目标的必由之路，服务于国民经济支柱产业制造业的工业机器人技能人才，更应当深刻认识到自己肩负的历史使命，牢记历史使命，勇担时代重托，脚踏实地，积极进取，奋笔疾书"科技报国"的壮美诗篇！